高职高专国家示范性院校机电类专业课改教材

小型自动化系统应用

主　编　陆　荣　奚茂龙

副主编　赵翱东　壮而行

西安电子科技大学出版社

内 容 简 介

"小型自动化系统应用"是一门着重于自动化技术综合应用的课程。本书包括基础知识、实践操作和安全及技术规范三部分内容。基础知识篇讲述了自动化系统中常用的技术知识，主要有气动技术、组态技术、变频器技术、PLC 技术及伺服驱动器；实践操作篇讲述了小型自动化系统应用的实施过程，主要以气动控制系统、变频调速控制系统、单轴伺服控制系统为例讲述了自动化系统集成过程中的机械安装、电气安装及接线、软硬件调试等方法，还通过一套五站自动生产线系统集成讲述了网络控制技术；安全及技术规范篇讲述了综合自动化系统集成过程中的技术规范和安全注意事项。

本书可作为高等职业教育、继续教育等院校自动化技术专业的教材，也可作为相关专业方向工程技术人员的参考用书。

图书在版编目(CIP)数据

小型自动化系统应用 / 陆荣，奚茂龙主编. —西安：西安电子科技大学出版社，2020.8(2020.12 重印)
ISBN 978 - 7 - 5606 - 5819 - 3

Ⅰ. ①小⋯ Ⅱ. ①陆⋯ ②奚⋯ Ⅲ. ①自动化系统 Ⅳ. ①TP27

中国版本图书馆 CIP 数据核字(2020)第 136715 号

策　　划　秦志峰
责任编辑　刘玉芳　秦志峰
出版发行　西安电子科技大学出版社(西安市太白南路 2 号)
电　　话　(029)88242885　88201467　　邮　　编　710071
网　　址　www.xduph.com　　　　电子信箱　xdupfxb001@163.com
经　　销　新华书店
印刷单位　陕西日报社
版　　次　2020 年 8 月第 1 版　　2020 年 12 月第 2 次印刷
开　　本　787 毫米×1092 毫米　1/16　印张　14.75
字　　数　345 千字
印　　数　501～2500 册
定　　价　36.00 元
ISBN 978 - 7 - 5606 - 5819 - 3/TP
XDUP 6121001-2
＊＊＊ 如有印装问题可调换 ＊＊＊

前　言

　　中国制造业正处于一个全新的发展阶段，劳动力密集型的传统制造业逐步完成向高端制造业的升级转换，大型制造类企业依托技术和资金的优势已经基本完成了这个转化过程，中小型企业也在加快推动相关工作。人才是企业的第一核心竞争力，在企业转型升级过程中需要大量的高素质技术技能型人才，而高职院校作为大量培养制造业人才的"孵化器"，在其中肩负着尤为重要的责任。

　　在职业能力培养过程中需要强调学习者综合技术应用能力的训练，突出创新能力培养。本书作为江苏省精品课程"小型综合自动化系统集成"的教材，由浅入深地向读者介绍了小型自动化系统集成中的基础知识，通过简单到复杂、单项到综合的项目训练，使学习者在掌握职业技能的基础上培养良好的职业规范能力、快速适应岗位的能力和综合应用能力，并具有一定的求新思变能力。

　　本书主要分为三大部分：基础知识篇、实践操作篇和安全及技术规范篇。基础知识篇主要介绍了小型自动化系统集成中用到的一些基础知识及元件的使用方法；实践操作篇主要通过多个子任务讲解气动系统、变频调速系统、伺服控制系统的集成方法，并详细分析了亚龙 YL-335B 自动生产线的集成过程；最后在安全及技术规范篇中，介绍了自动化系统集成过程中的安全注意事项和技术规范。

　　本书由无锡职业技术学院控制技术学院陆荣副教授和奚茂龙教授主编，奚茂龙教授编写了第一篇的基础一、基础二和第二篇的项目一，陆荣副教授编写了第一篇的基础三、基础四和第二篇的项目二；另外第一篇的基础五和第二篇的项目三由壮而行老师编写，第二篇的项目四和第三篇由赵翱东副教授编写。黄麟教授主审了本书。本书的作者都是主讲自动化技术相关课程多年的一线老师，有的作者还具有多年的企业工作经验，在教学实践过程中十分了解学生学习过程中的知识接收过程和难点。书中凝聚了作者的教学经验、企业工作经验，简单易懂，重点突出。

　　本书可以供高职院校教学和自学使用，也适合成人继续教育和企业技术人员使用。本书的建议教学学时为 4 周，也可以根据教学任务分解和拓展情况，采用 5～6 周的教学学时。

　　本书在编写过程中得到孙伟副教授、王海荣老师及控制技术学院教师们的协助和支持，他们对本书的具体编写提出了非常宝贵的修改意见，使编者获益良多，谨此表示衷心的感谢！

　　由于编者水平有限，书中不足之处在所难免，敬请专家和广大读者批评指正。

编　者
2020 年 6 月

目　　录

第一篇　基　础　知　识

第二篇 实 践 操 作

第三篇　安全及技术规范

第一篇

基 础 知 识

基础一 气动元件与传感器基础

1.1 常规气动元件的认识与使用

气动是气动技术或气压传动与控制技术的简称，是以压缩空气作为工作介质，以空气压缩机为动力源，进行能量传递或信号传递的工程技术。气动是生产过程自动化和机械化最有效的手段之一，具有高速、高效、清洁安全、低成本、易维护等优点。一个气动控制系统一般包括气源系统、气动控制元件、气动执行元件、辅助装置等。图1.1.1为一个典型的气动控制系统回路图。

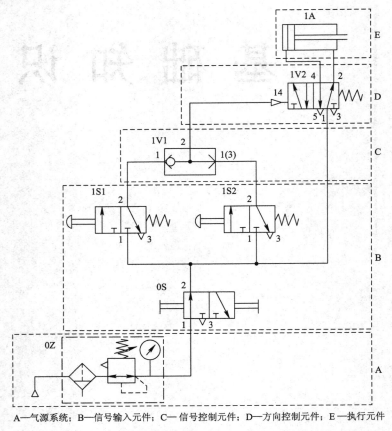

A—气源系统；B—信号输入元件；C—信号控制元件；D—方向控制元件；E—执行元件

图 1.1.1　典型的气动控制系统回路图

1.1.1 气源系统

气源系统是指用来产生一定压力和流量的压缩空气，并将其净化、处理及存储的一套设备。气源系统一般由气源及气源处理装置组成，其性能好坏直接影响气动系统能否正常工作。气源系统一般包括空气压缩机、后冷却器、油水分离器、过滤器和储气罐等，如图1.1.2(a)所示。亚龙 YL-335B 自动化生产线中使用气泵作为气源，如图 1.1.2(b)所示。空气压缩机所产生的压缩空气存储于储气罐中，再通过气源开关控制输出，这样可使输出气流具有流量连续性和气压稳定性；压力调节器用于调节气泵输出气压的大小；压力继电器用于实现压力控制，使气泵在系统压力达到设定的最高压力时停止工作，在系统压力降至最低压力时重新启动；为保证设备的安全使用，当压力超过允许值时，安全阀会自动打开将压缩空气排出；主管道过滤器用于清除主管道内的灰尘、水分和油，实现压缩空气的净化。

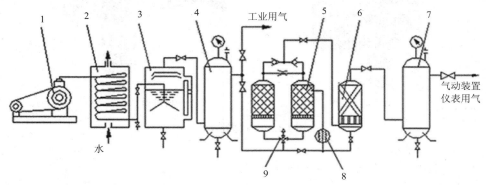

1—空气压缩机；2—后冷却器；3—分离器；4—储气罐；5—干燥器；6—过滤器；
7—储气罐；8—加热器；9—四通阀

(a) 一般气源系统的组成

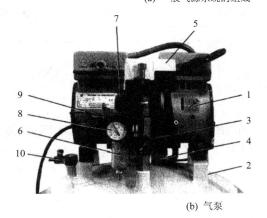

1—空气压缩机；
2—储气罐；
3—储气罐压力表；
4—安全阀；
5—压力继电器；
6—主管道过滤器；
7—压力调节器；
8—输出压力表；
9—气源开关；
10—手动排气阀

(b) 气泵

图 1.1.2　气源系统

从气泵输出的压缩空气并不能直接进入气动系统，需要通过空气过滤器进行二次过滤，以进一步滤除压缩空气中的水分、油及杂质。为避免气源气压突变时对阀门或执行器造成硬件损伤，过滤后的压缩空气还需通过减压阀进行调节，使气压固定在需要的数值上；在需要机体润滑的设备中，则需要通过油雾器将润滑油雾化后由压缩空气携带进入系统各润滑部位。工业上常把空气过滤器、减压阀和油雾器组合起来构成气动三联件，作为气源处理装置，如图 1.1.3(a)所示。在不需要机体润滑的设备中，只需要使用由空气过滤器和减压阀组成的气动二联件，如图 1.1.3(b)所示。图 1.1.3(b)中，气源入口处的快速开关是一个用于启/闭气源的手推阀，气源接通后，压缩空气经过减压阀压力调节后从组件的出口侧输出，输送到各工作单元。安装时，气源处理装置应尽可能安装在用气设备附近，使用时应注意及时排放过滤器中的凝结水，避免重新吸入。气源系统中常用设备的图形符号如图 1.1.4 所示。

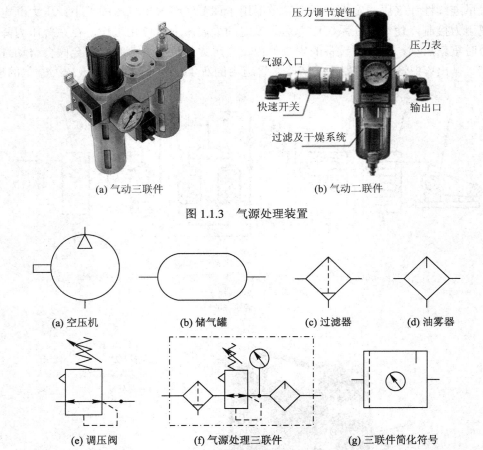

(a) 气动三联件　　　　　　　　　　(b) 气动二联件

图 1.1.3　气源处理装置

(a) 空压机　　　(b) 储气罐　　　(c) 过滤器　　　(d) 油雾器

(e) 调压阀　　　　(f) 气源处理三联件　　　(g) 三联件简化符号

图 1.1.4　气源设备图形符号

1.1.2　方向控制阀

1. 方向控制阀的分类和特点

气动系统的控制元件是控制和调节压缩空气的压力、流量和方向的重要元件，主要是指各类控制阀。控制阀主要有方向控制阀、压力控制阀和流量控制阀三大类。其中，方向控制阀用于通断气路或改变气流方向，控制气动执行元件启动、停止和换向，在气动系统中具有广泛的应用。

方向控制阀的分类方式很多,按阀内气流的流通方式不同,可分为单向型控制阀和换向型控制阀(简称换向阀);按换向阀的控制方式不同可分为电磁式、气压式、人力式和机械式等;按动作方式不同可分为直动式和先导式;按控制数不同可分为单控式和双控式。图 1.1.5 给出了气路图中常见换向阀不同控制方式的图形符号,常见方向控制阀的图形符号及特点如表 1.1.1 所示。

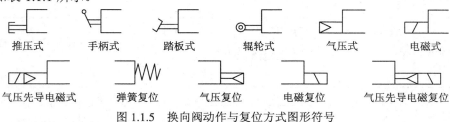

推压式　　　　手柄式　　　　踏板式　　　　辊轮式　　　　气压式　　　　电磁式

气压先导电磁式　　弹簧复位　　　气压复位　　　电磁复位　　气压先导电磁复位

图 1.1.5　换向阀动作与复位方式图形符号

表 1.1.1　方向控制阀的图形符号及特点

名称	符号	特点
单向阀		气流只能一个方向流动,且压降较小
梭阀		两个单向阀的组合,作用相当于"或"门。常用作信号处理元件
双压阀		两个单向阀的组合,作用相当于"与"门。常用于互锁控制、安全检查等
快速排气阀		可使气缸活塞运动速度加快,避免回程时间过长
单气控加压式换向阀		利用空气的压力与弹簧力相平衡的原理进行控制。适用于易燃、易爆等场合
双气控加压式换向阀		具有记忆功能,气控信号消失后,阀仍能保持在有信号时的状态
直动式电磁换向阀		利用电磁铁推动阀芯移动,其结构简单、紧凑,且换向频率高
先导式电磁换向阀		由小型直动式电磁阀和大型气控换向阀构成,其体积较小、动作可靠、换向灵敏

名称	符 号	特 点
人力控制换向阀		由人力进行换向控制
机械控制换向阀		适用于不易使用电气行程开关的场合
延时阀		使气流通过可调节流阀节流后到储气罐中，当储气罐内建立起一定的压力后，使阀芯换向。适用于易燃、易爆、粉尘大的场合

2. 换向阀的位和通

"位"和"通"是换向阀的重要概念，不同的"位"和"通"构成了不同类型的换向阀。通常所说的"二位阀""三位阀"是指换向阀的阀芯有两个或三个不同的工作位置，在图形符号中用"□"表示，一个"□"表示一个工作位置。表 1.1.1 中的换向阀均为"二位阀"。

通常所说的"二通阀""三通阀""四通阀"是指换向阀的阀体上有两个、三个、四个各不相通且可与系统中不同气管相连的接口，气路之间通过阀芯移位时阀口的开、关来沟通。不同功能的气路接口(简称气口)需要用不同的符号来表示，常用的有数字表示方式和字母表示方式两种，如表 1.1.2 所示。

表 1.1.2　气口的符号表示

气口	数字表示	字母表示
进气口	1	P
工作口	2	B
排气口	3	S
工作口	4	A
排气口	5	R
输出信号清零控制口	(10)	(Z)
控制口(先导)	12	Y
控制口(先导)	14	Z

因此，如果某换向阀的阀芯有两个工作位置，阀体上有五个主通路接口，就称为"二位五通"换向阀，表 1.1.3 给出了常用换向阀的主通路接口数、工作位置及图形符号。

表 1.1.3　常用换向阀的主通路接口数、工作位置及图形符号

位数 通路	二位	三位		
		中间密封	中间加压	中间泄压
二通				
三通				
四通				
五通				

3. 电磁控制换向阀

电磁阀是气动控制系统中的重要组件之一，它既是电气控制部分和气动执行部分的接口，也是气源系统的接口。在电磁阀家族中，最重要的是电磁控制换向阀。在气动回路中，电磁控制换向阀利用电磁力的作用推动阀芯切换，从而控制气流通道的通、断或改变压缩空气的流动方向，实现气流的换向。按电磁控制部分对换向阀推动方式的不同，可以将其分为直动式电磁阀和先导式电磁阀。直动式电磁阀是直接利用电磁力推动阀芯换向，而先导式电磁阀则是利用小型直动式电磁阀(先导阀)输出的先导气压推动阀芯(主阀)换向。下面介绍两种常用的直动式电磁换向阀。

1) 单电控直动式电磁换向阀

图 1.1.6 给出了二位三通单电控直动式电磁阀的工作原理及图形符号(图 1.1.6(c))。图 1.1.6(a)为断电状态，此时 P 与 A 断开，A 与 R 相通，阀处于排气状态；图 1.1.6(b)为通电状态，此时 P 与 A 接通，A 与 R 断开，阀处于进气状态，A 口有输出。

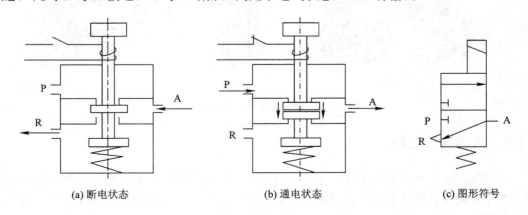

(a) 断电状态　　　　　(b) 通电状态　　　　　(c) 图形符号

图 1.1.6　单电控直动式电磁阀的工作原理及图形符号

2) 双电控直动式电磁换向阀

图 1.1.7 给出了二位五通双电控直动式电磁换向阀的工作原理及图形符号(图 1.1.7(c))。当左边电磁铁 1 得电，右边电磁铁 2 断电时，阀芯被推向右端，P 与 A 接通，A 口有输出，B 与 R_2 接通，B 口排气，如图 1.1.7(a)所示。若电磁铁 1 断电，此时电磁铁 2 仍为断电状态，则阀芯位置不变，A 口有输出，B 口排气，即阀在电磁铁 1 断电后，仍保持所处的切换状态，具有记忆功能。直到电磁铁 2 得电，阀芯被推向左侧，气流的方向被切换，切换后 B 口有输出，A 口排气，如图 1.1.7(b)所示。

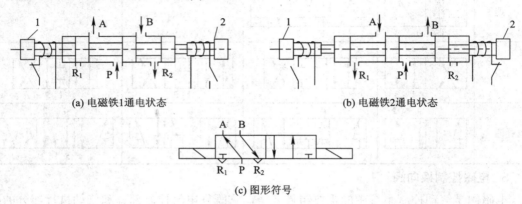

(a) 电磁铁1通电状态   (b) 电磁铁2通电状态

(c) 图形符号

图 1.1.7 双电控直动式电磁阀的工作原理及图形符号

由此可见，单电控电磁阀与双电控电磁阀的区别在于无电控信号时阀芯的位置。无电控信号时，单电控电磁阀在弹簧力的作用下会被复位，而双电控电磁阀在两端都没有电控信号时阀芯的位置取决于前一个电控信号动作的结果。YL-335B 自动化生产线中所使用的单电控和双电控二位五通电磁阀如图 1.1.8 所示。在设备调试时，可以使用手动按钮对阀进行控制，从而实现对相应气路的通断控制。注意，手动按钮有"PUSH"和"LOCK"两个位置，只有在"PUSH"位置时才可以进行手动操作。

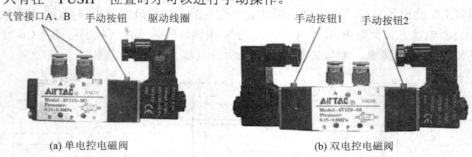

(a) 单电控电磁阀   (b) 双电控电磁阀

图 1.1.8 YL-335B 中使用的电磁阀

1.1.3 气动执行元件

气动执行元件是气动系统中的重要元件之一，它将压缩空气的压力能转换为机械能，驱动工作机构作直线往复运动、摆动或者旋转。按其运动方式不同，气动执行元件可以分为普通气缸、摆动气缸、气动马达以及气动手爪和真空吸盘等。

1. 普通气缸

气缸是气压传动系统中使用最多的一种执行元件，最常用的是普通气缸。其缸筒内只有一个活塞和一根活塞杆，主要有单作用气缸和双作用气缸两种，如图 1.1.9 所示。

1）单作用气缸

单作用气缸只能在一个方向上做功，活塞的反向动作靠复位弹簧来实现，压缩空气只能在一个方向上控制气缸活塞的运动。单作用气缸图形符号如图 1.1.9(a)所示。

2）双作用气缸

双作用气缸活塞的往返运动是依靠压缩空气从缸内被活塞分隔开的两个腔室交替进入和排出来实现的，压缩空气可以在两个方向上做功。双作用气缸图形符号如图 1.1.9(b)所示。

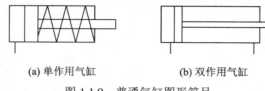

(a) 单作用气缸　　　　　　　(b) 双作用气缸

图 1.1.9　普通气缸图形符号

2. 摆动气缸

摆动气缸是利用压缩空气驱动输出轴在小于 360°的范围内作往复摆动的气动执行元件，多应用于物体的转位、工件的翻转、阀门的开闭等场合。按结构特点，其可分为叶片式摆动气缸、齿轮齿条式摆动气缸两类。摆动气缸外形和图形符号如图 1.1.10 所示。

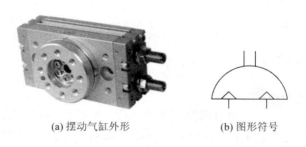

(a) 摆动气缸外形　　　　　　　(b) 图形符号

图 1.1.10　摆动气缸

3. 气动马达

气动马达是将压缩空气的压力能转换为连续旋转运动的气动执行元件的机械能的装置。在气压传动中应用最为广泛的是叶片式气动马达和活塞式气动马达。气动马达图形符号如图 1.1.11 所示。

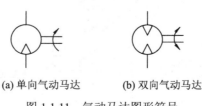

(a) 单向气动马达　　　　　　　(b) 双向气动马达

图 1.1.11　气动马达图形符号

4. 气动手爪和真空吸盘

气动手爪和真空吸盘在气动执行机构(如机械臂)中被用作末端执行器。气动手爪利用压缩空气作为动力，通过一定的机械机构将活塞的直线往复运动转化成机械手指的夹持动作，用来夹取或抓取工件，其外形如图 1.1.12 所示。真空吸盘采用了真空原理，利用真空发生器产生的真空负压来"吸附"工件以达到夹持工件的目的。如图 1.1.13 所示，真空吸盘的通气口与真空发生器的真空口相接，当真空发生器启动后，通气口通气，吸盘内部的空气被抽走，工件在外部压力的作用下被吸起。吸盘内部的真空度越高，吸盘与工件之间贴得越紧。

图 1.1.12　气动手爪

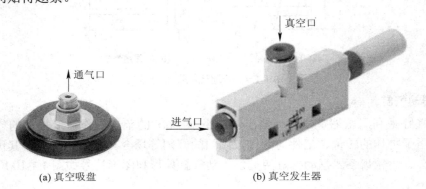

(a) 真空吸盘　　　　　　　　(b) 真空发生器

图 1.1.13　真空吸盘组件

1.1.4　典型应用实例

1. 单作用气缸换向回路

图 1.1.14 所示为二位三通电磁阀控制的单作用气缸换向回路。图 1.1.14(a)为回路的初始状态，三通阀的弹簧控制阀处于常闭状态；电磁阀得电后，三通阀换向，单作用气缸活塞杆向前推出，并保持住伸出状态，如图 1.1.14(b)所示；电磁阀失电后，气缸在弹簧的作用下使活塞杆复位。

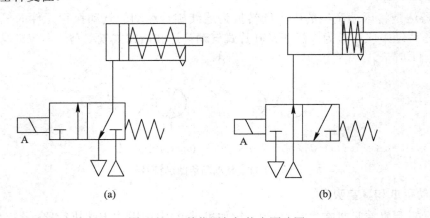

(a)　　　　　　　　　　　　　　(b)

图 1.1.14　单作用气缸换向回路图

2. 双作用气缸换向回路

图 1.1.15 所示为采用双电控二位五通阀控制的双作用气缸换向回路。图 1.1.15(a)为回路的初始状态，气缸活塞杆回缩；在图 1.1.15(b)中，A 线圈得电后，电磁阀换向，气缸活塞杆伸出；如果 A 线圈失电，B 线圈得电，电磁阀将再次换向，气缸活塞杆回缩到图 1.1.5(a)所示状态；双电控阀具有记忆功能，因此当电磁阀失电时，气缸将保持在原有的工作状态。

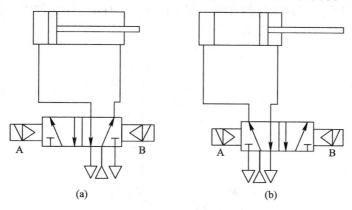

图 1.1.15　双作用气缸换向回路

图 1.1.16 为采用中位封闭式三位五通阀的双作用气缸换向回路，中位封闭式电磁阀能使气缸定位在行程中间的任何位置，但因为阀本身的泄漏，定位精度并不高。图 1.1.16(a)为回路的初始状态，图 1.1.16(b)为 A 线圈得电后活塞杆伸出时的状态，图 1.1.16(c)为 B 线圈得电后活塞杆回缩后的状态。

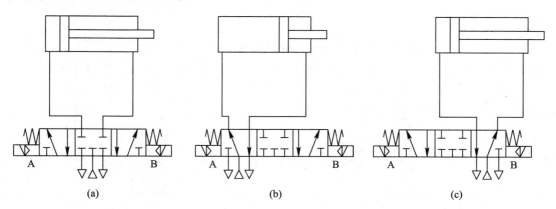

图 1.1.16　三位五通阀换向回路

3. YL-335B 生产线供料单元气动控制回路

YL-335B 生产线供料单元气动控制回路由推料气缸、顶料气缸和相应的电磁阀组组成，安装结构如图 1.1.17 所示。其动作顺序是：在需要将最下层原料工件推出到出料台时，首先使顶料气缸的活塞杆伸出，压住次下层工件；然后使推料气缸活塞杆伸出，把下层工件推出到出料台上。在推料气缸返回到位后，再使顶料气缸返回，松开次下层工件，使其在重力的作用下移动到最下层，为下一次出料做好准备。供料单元气动控制回路如图 1.1.18 所示，单电控电磁阀 1YA 和 2YA 分别控制带磁环的双作用气缸 1A 和 2A，初始状态下，两个气缸均处于缩回的状态。电磁阀在线圈得电时换向，气缸伸出；线圈失电时在弹簧的作用下复位，气缸缩回。气缸伸出和缩回的速度由节流阀的开度进行调节，以顶料气缸为例，电磁阀 1YA 线圈得电换向，节流阀 1V1 的单向阀开启，气缸无杆腔快速充气。此时，节流阀 1V2 的单向阀关闭，有杆腔只能经节流阀排气，调节节流阀 1V2 的开度便可改变气缸伸出时的速度。同理，调节节流阀 1V1 的开度可以改变气缸缩回的速度。这种速度控制方式下活塞运行稳定，是最常用的方法。图 1.1.18 中，1B1、1B2、2B1、2B2 分别表示检测各气缸两个工作位置的磁性开关。

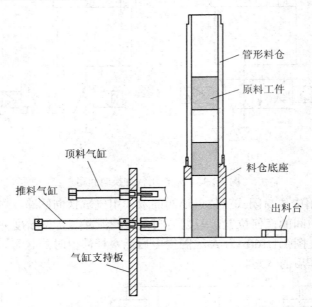

图 1.1.17 YL-335B 生产线供料单元安装结构示意图

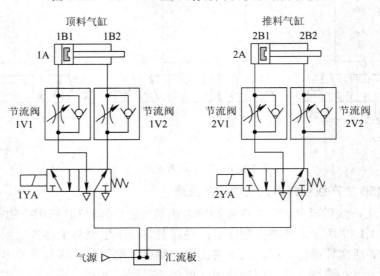

图 1.1.18 YL-335B 生产线供料单元气动控制回路

4. PLC 控制气动系统的应用

在自动化控制系统中，经常使用 PLC 来控制气动回路动作，实现系统控制要求。下面通过两个实例讲解 PLC 在气动系统中的使用方法。

例 1-1-1 使用单电控阀控制一个单作用气缸。

控制要求： 按钮开关的输入信号如图 1.1.19(a)所示，气动回路如图 1.19(b)所示。当按钮开关 SB1 状态为"ON"时，气缸前进，SB1 状态为"OFF"时，气缸仍保持在前进状态(自保持)直至 a2 位置；当按钮开关 SB2 状态为"ON"时，气缸后退到 a1 位置。试画出 PLC 外部接线图，并编写程序。

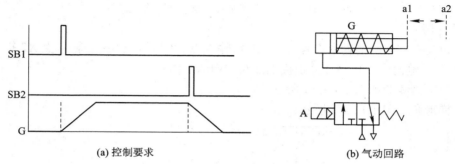

(a) 控制要求   **(b) 气动回路**

图 1.1.19 例 1-1-1 控制要求及气动回路示意图

解决过程：

(1) 定义控制系统的输入、输出点：PLC 输入点 X1 接按钮 SB1，输入点 X2 接按钮 SB2，输出点 Y0 接电磁阀线圈。

(2) 外部接线图如图 1.1.20(a)所示。

(3) 梯形图如图 1.1.20(b)所示(PLC 梯形图的解读可参考基础三相关内容)。

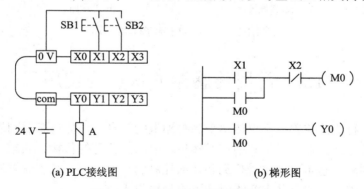

(a) PLC接线图   **(b) 梯形图**

图 1.1.20 例 1-1-1 接线图和梯形图

例 1-1-2 使用双电控阀控制双作用气缸。

控制要求： 按钮开关的输入信号如图 1.1.21(a)所示，气动回路如图 1.1.21(b)所示。G 为双作用缸，A、B 为双电控阀的两组线圈，节流阀用于调整气缸运动速度，点动按钮 SB1 时，气缸活塞杆慢慢从 a1 位置向前进，当活塞杆触碰到前顶点 a2 位置时立即后退，最终慢慢回退到 a1 位置。试画出 PLC 外部接线图，并编写程序。

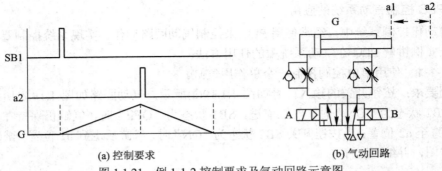

(a) 控制要求   (b) 气动回路

图 1.1.21　例 1-1-2 控制要求及气动回路示意图

解决过程：

(1) 定义控制系统的输入、输出点：PLC 输入点 X1 接按钮 SB1，输入点 X2 接 a2 位置的检测开关，输出点 Y1、Y2 分别接电磁阀线圈 A、B。

(2) 外部接线图如图 1.1.22(a)所示。

(3) 梯形图如图 1.1.22(b)所示。

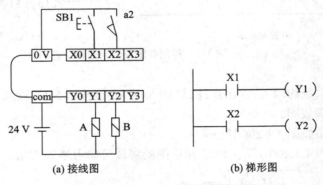

(a) 接线图   (b) 梯形图

图 1.1.22　例 1-1-2 接线图和梯形图

1.2　常用传感器的认识与使用

传感器是一种检测装置，不仅能感受到被测量的信息，还能将感受到的信息按一定规律变换成为电信号或其他所需形式的信息输出，以满足信息的传输、处理、存储、显示、记录和控制等要求。它是实现自动检测和自动控制的首要环节，在工业控制系统中，传感器被广泛使用。本节介绍自动生产线中常用的几种传感器。

1.2.1　接近开关

接近开关利用传感器对所接近的物体具有的敏感特性来识别被检测物体的接近，并输出相应的开关信号。根据工作原理的不同，接近开关可分为多种类型，如利用磁化效应的磁性开关，利用电磁感应的电感式接近开关，利用光电效应的光电开关、光纤型光电传感器等。接近开关在安装和调试中，必须认真考虑检测距离、设定距离等参数，以保证传感器可靠动作。图1.1.23给出了接近开关在水平接近和垂直接近时的检测距离示意图。

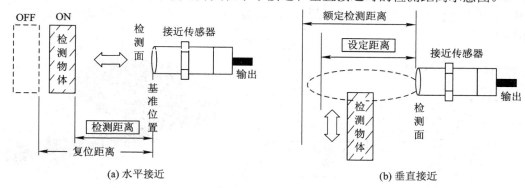

图 1.1.23　接近开关检测距离示意图

1. 磁性开关

磁性开关中的主要部件是干簧管，当有磁性物质靠近开关时，在磁场磁力线的作用下，干簧管的两个簧片被磁化而互相吸引接触，使结合点所接的电路接通。外磁力消失后，两个簧片由于本身的弹性而分开，接通的线路断开，从而实现接通和断开电路的开关功能。磁性开关的原理图和实物图如图 1.1.24 所示。磁性开关有蓝色和棕色两根引出线，使用时，应根据 PLC 的接线选择合适的接法。当 PLC(三菱 PLC)采用漏型输入接法时，蓝色引出线应连接到 PLC 输入公共端，棕色引出线应连接到 PLC 输入端。如图 1.1.18 所示 YL-335B 供料单元气动控制回路中的 B1、B2 即为磁性开关，当带磁环的活塞靠近时磁性开关接通，离开时磁性开关断开，在系统中常利用该信号判断推料缸及顶料缸的运动状态或所处的位置，以确定工件是否被推出或气缸是否返回。

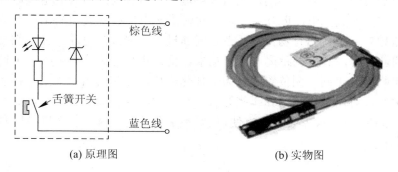

图 1.1.24　磁性开关的原理图和实物图

在磁性开关上设置有 LED 指示灯用于显示其信号状态，供调试时使用。磁性开关动作(舌簧开关接通)时，输出信号"1"，LED 亮；磁性开关不动作时，输出信号"0"，LED 不亮。注意，由于 LED 指示灯具有单向导电性，因此接线时应确保电流从棕色线流入，从蓝色线流出。磁性开关的安装位置可以根据需要进行调整，调整方法是松开紧固螺栓，让磁性开关顺着气缸滑动，到达指定位置后，再旋紧紧固螺栓。

2. 电感式接近开关

电感式接近开关由振荡电路和调理电路组成。振荡电路产生一个交变磁场，当金属目标接近这一磁场，并达到感应距离时，会在金属目标内产生涡流，从而导致振荡衰减，以至停振。振荡电路振荡及停振的变化被后级调理电路处理并转换成开关信号，触发驱动相关器件，从而达到非接触式检测金属的目的。电感式接近开关的原理图和实物图如图 1.1.25 所示。

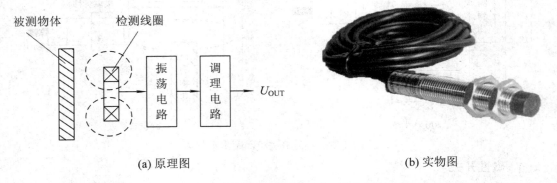

(a) 原理图　　　　　　　　　　　　　　　　　(b) 实物图

图 1.1.25　电感式接近开关的原理图和实物图

3. 光电式接近开关

光电传感器是利用光的各种性质，检测物体有无或物体表面状态变化等的传感器。其中，输出形式为开关量的传感器通常称为光电式接近开关。

光电式接近开关主要由光发射器和光接收器构成。光发射器发射的光线因检测物体不同而被遮断或反射时，到达光接收器的量将会发生变化，光接收器的敏感元件就会检测出这种变化，并将其转换为电气信号输出。光电式接近开关大多使用可见光(主要为红色，也有绿色、蓝色)和红外光。

按照接收器接收光的方式不同，光电式接近开关可分为对射式光电接近开关、反射式光电接近开关和漫射式光电接近开关三种。对射式光电接近开关如图 1.1.26 所示，光发射器和光接收器相对安装，当有物体在两者之间通过时，光线被遮断，光接收器因接收不到光线而产生通断信号，其检测距离可达十几米。反射式光电接近开关如图 1.1.27 所示，光发射器与光接收器处于同一侧位置，且为一体化结构，光接收器只能接收特制的反光镜反射回来的偏振光，可用于检测诸如罐头等具有反光面的物体而不受干扰，其检测距离可达几米。漫射式光电接近开关安装最为方便，只要不是全黑的物体均能产生漫反射，如图 1.1.28 所示。

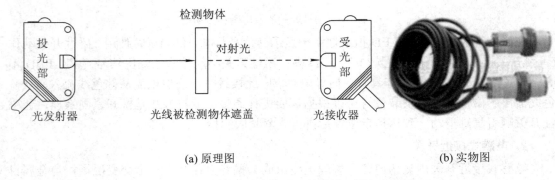

(a) 原理图　　　　　　　　　　　　　　　　　(b) 实物图

图 1.1.26　对射式光电接近开关的原理图和实物图

光发射器始终发射检测光，若在接近开关前方一定距离内没有物体，则没有光被反射到接收器，接近开关处于常态而不动作；反之，若在接近开关前方一定距离内出现物体，只要反射回来的光强度足够，则接收器接收到足够的漫射光就会使接近开关动作而改变输出的状态。

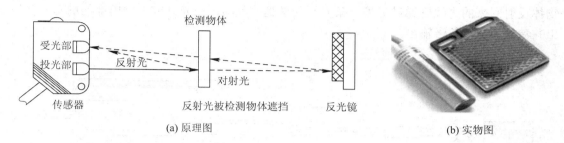

(a) 原理图   (b) 实物图

图 1.1.27 反射式光电接近开关的原理图和实物图

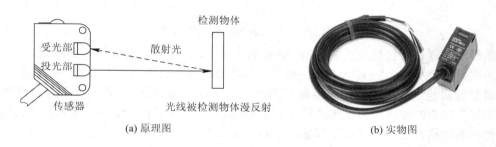

(a) 原理图   (b) 实物图

图 1.1.28 漫射式光电接近开关的原理图和实物图

4. 接近开关的图形符号

部分接近开关的图形符号如图 1.2.29 所示。图中(a)、(b)、(c)三种情况均为 NPN 型三极管集电极开路输出。对于 PNP 型的接近开关，正负极性与此相反。在实际使用中，接近开关通常作为输入元件接 PLC 输入端，接线前应根据引出线的颜色区分信号线及电源线的正负极。根据相关标准的规定，三线式接近开关引出线中，棕色线为电源正极，蓝色线为电源负极，黑色线为信号引出线。

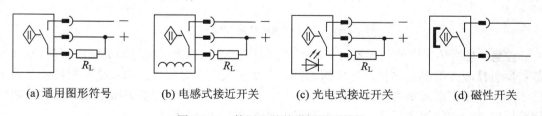

(a) 通用图形符号   (b) 电感式接近开关   (c) 光电式接近开关   (d) 磁性开关

图 1.1.29 接近开关的常用图形符号

1.2.2 光纤传感器

光纤传感器是光电传感器的一种。光纤传感器具有下述优点：抗电磁干扰，可工作于恶劣环境，传输距离远，使用寿命长，此外，由于光纤头体积较小，因而可以安装在狭小空间。

光纤传感器由光纤检测头、光纤放大器两部分组成，光纤放大器和光纤检测头是分离的两个部分。光纤检测头的尾端部分分成两条光纤，使用时分别插入光纤放大器的两个光纤孔。其工作原理示意图如图 1.1.30 所示。光纤传感器的光发射器和接收器均在放大器内，发射器发射的光经光纤传播后从光纤检测头以约 60°的角度扩散照射到检测物体上，被检测物体反射回来的光线则通过另外一条光纤回送到接收器，由光纤放大器内部的敏感元件检出并转换为电气信号输出。

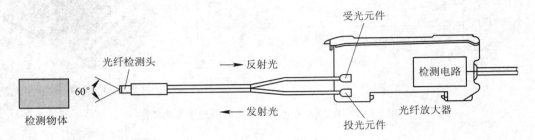

图 1.1.30　光纤传感器工作原理示意图

光纤放大器通常包括入光量显示、输出动作显示、灵敏度调节旋钮等部件。如图 1.1.31 所示为欧姆龙公司生产的 E3X-NA11 型光纤传感器的放大器单元，调节其中部的 8 旋转灵敏度调整旋钮能进行放大器灵敏度调节(顺时针旋转灵敏度增大)。调节时，会看到"入光量显示灯"发光的变化。当探测器检测到物料时，"动作显示灯"会亮，提示检测到物料，"动作状态切换开关"可进行常开输出(L.ON)和常闭输出(D.ON)的切换。

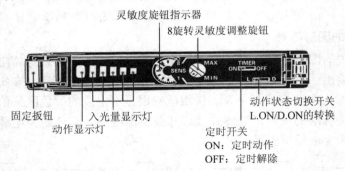

图 1.1.31　光纤传感器灵敏度调节示意图

注意：光纤传感器的放大器的灵敏度调节范围较宽。当光纤传感器灵敏度调得较小时，若是反射性较差的黑色物体，光电探测器将无法接收到反射信号；而若是反射性较好的白色物体，光电探测器则可以接收到反射信号。反之，若光纤传感器灵敏度调得较大，则即使对反射性较差的黑色物体，光电探测器也可以接收到反射信号。

光纤传感器的图形符号可以使用光电式接近开关的图形符号，接线要求类似于光电式接近开关。

1.2.3　旋转编码器

旋转编码器是一种旋转式位置传感器，它的旋转轴通常与被测轴连接，随被测轴一起转动。典型的旋转编码器是由光栅盘和光电检测装置组成的光电编码器，它通过光电转换，将输出至轴上的机械、几何位移量转换成脉冲或数字编码信号，主要用于速度或位置(角度)的检测。输出脉冲信号的光电编码器称为增量式光电编码器，输出数字编码信号的光电编码器称为绝对式光电编码器。增量式式光电编码器的结构示意图如图 1.1.32 所示。由图可见，光栅盘是一个在边缘圆周上等分地开通有若干个长方形狭缝的圆盘(码盘)，发光元件和受光元件安装在光栅盘两侧。电动机旋转时，光栅盘与电动机同速旋转，发光元件发出的光线透过光栅盘形成明暗交替的脉冲光信号，经光敏晶体管等受光元件组成的检测装置检测后输出若干电脉冲信号。通过计算每秒光电编码器输出脉冲的个数就能推算出当前电动机的转速。

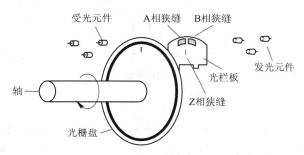

图 1.1.32　增量式光电编码器的结构示意图

增量式光电编码器直接利用光电转换原理输出三组脉冲 A、B 和 Z 相，如图 1.1.33 所示。A、B 两相脉冲由光线透过光栏板上的 A、B 两个狭缝并照射到对应的光敏晶体管上产生，当 A、B 两个狭缝的间距与码盘上的狭缝间距满足一定的比例关系时，A、B 两相脉冲在相位上相差 90°。当 A 相脉冲超前 B 相时为正转方向，而当 B 相脉冲超前 A 相时则为反转方向。为了获得光栅盘所处的绝对位置，还必须设置一个基准点(起始零点)，为此在光栅盘边缘狭缝内圈还开通有一个"零位标志狭缝"，光栅盘每旋转一圈产生一个脉冲，此脉冲即可作为起始零点信号。

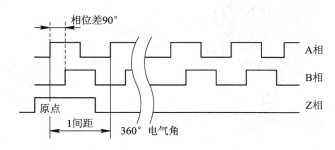

图 1.1.33　增量式光电编码器输出脉冲波形

旋转编码器的一个重要参数是分辨率，以单位"线"表示，如 600 线、1000 线等，表示旋转一周发出的脉冲数，线数越大则分辨率越高，精度也越高。

常用光电编码器的输出形式有三种，分别是集电极开路输出型、推挽式输出型和线驱动输出型，其电路如图 1.1.34 所示。集电极开路输出型又分为 NPN 型和 PNP 型两种，分别适用于不同的 PLC 输入类型；推挽式输出型同时具有 NPN 和 PNP 两种输出方式，使用灵活，信号传输距离更长；线驱动输出型又称为长线驱动型或 RS-422 型，它是通过比较两根信号线之间的电位差确定输出信号的，因而具有较强的抗干扰能力，适用于远距离安装。除了上述几种输出形式外，现在许多厂家生产的编码器还具有智能通信接口，如Profibus、CAN 总线接口等，这种类型的编码器可以直接接入相应的总线网络，通过通信的方式直接读出实际的计数值或测量值，在此不再赘述。

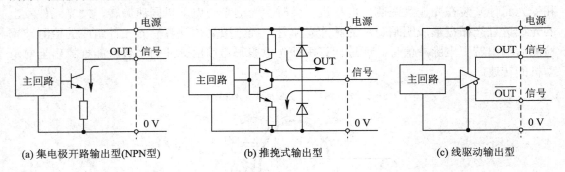

(a) 集电极开路输出型(NPN型)　　　(b) 推挽式输出型　　　(c) 线驱动输出型

图 1.1.34　光电编码器的三种输出形式

　　YL-335B 自动化生产线分拣单元所使用的光电编码器如图 1.1.35 所示，该编码器的有关性能参数如下：工作电源(12～24)V DC，工作电流为 110 mA，分辨率为 500 线，A、B两相及 Z 相均采用 NPN 型集电极开路输出。红、黑引出线为电源线，绿色、白色和黄色引出线分别为 A 相线、B 相线和 Z 相线。分拣单元的传送带驱动电动机旋转时，与电动机同轴连接的光电编码器向 PLC 输出与角位移成正比的高速脉冲(每转 500 个脉冲)，由高速计数器计数从而计算出传送带上的工件位移量。

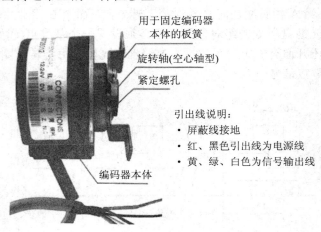

用于固定编码器
本体的板簧

旋转轴(空心轴型)

紧定螺孔

引出线说明：
· 屏蔽线接地
· 红、黑色引出线为电源线
· 黄、绿、白色为信号输出线

编码器本体

图 1.1.35　YL-335B 分拣单元光电编码器

　　图 1.1.36 所示为具有 A、B 两相脉冲输出的集电极开路输出型光电编码器与三菱 FX$_{3U}$系列 PLC 的接线图。X0、X1 为 PLC 的高速计数器信号输入端子，编码器的电源直接使用PLC 的 24V DC 电源(也可以使用外接电源)，COM 端接 PLC 的 0V 端子。有的编码器还有一条屏蔽线，使用时要将屏蔽线接地。

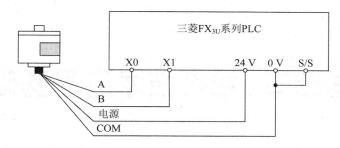

图 1.1.36 光电编码器与 PLC 的接线示意图

1.2.4 传感器的选用

不同的传感器在原理和结构上有较大的差别，需要根据工作要求和条件选用合适的传感器。当传感器确定之后，与之相配套的测量方法和测量设备也就可以确定了。测量结果的成败，很大程度上取决于传感器的选用是否合理。下面简单介绍传感器的选用原则。

(1) 首先根据测量对象与测量环境来确定传感器的类型，如信号的来源、接触式还是非接触式、接线方式、量程的大小等，然后再考虑传感器的性能指标。

(2) 灵敏度的选择。通常，在传感器的线性范围内，希望传感器的灵敏度越高越好，因为只有灵敏度高时，与被测量变化对应的输出信号的值才比较大，这样有利于信号处理。但要注意的是，传感器的灵敏度越高，与被测量无关的外界噪声也越容易混入，并会被放大系统放大，从而影响测量精度，因此，要求传感器本身具有较高的信噪比，尽量减少外界引入的干扰信号。

(3) 稳定性。传感器使用一段时间后，其性能保持不变的能力称为稳定性。影响传感器长期稳定性的因素除传感器本身结构外，主要是传感器的使用环境，因此，要使传感器具有良好的稳定性，传感器必须要有较强的环境适应能力。

(4) 精度。精度是传感器的一个重要性能指标，它是关系到整个测量系统测量精度的一个重要环节。传感器的精度越高，其价格越昂贵，因此，传感器的精度只要能满足整个测量系统的精度要求即可，不必选得过高。

(5) 接线和调整。根据传感器的使用说明正确地对传感器进行接线，并调整安装位置，调节传感器的灵敏度。

📖 思考与练习

1. 气缸怎么调速？

2. 如何选择气缸的行程？

3. 气缸为什么到位置后会缩回一段行程？

4. 除了 3 线式传感器，工程中还常常会用到两线式传感器，查阅资料，说明 2 线式传感器和 3 线式传感器在使用方式上有什么不同？

5. 举例说明光纤传感器的一些典型应用。

基础二 组态技术应用基础

组态软件，又称组态监控软件，通常用于数据采集与过程控制。它们能够以灵活多样的组态方式提供良好的用户开发界面和简捷的使用方法。组态软件的应用领域很广，可以应用于电力系统、给排水系统、自动化控制系统等领域的数据采集与监视控制。目前，能够提供组态软件产品的厂家有很多，本章主要以北京昆仑通态公司的 MCGS 嵌入版组态软件为例介绍组态软件的使用过程。

2.1 工程的创建与下载

MCGS 嵌入版组态软件是专门用于 MCGSTPC 的组态软件，通过对现场数据的采集处理，以动画显示、报警处理、流程控制和报表输出等多种方式向用户提供解决实际工程问题的方案，具有简单、易学、易用等特点。

2.1.1 创建一个新工程

要创建一个新工程，具体步骤如下：

(1) 双击 MCGS 嵌入版组态环境快捷方式图标 或者直接选择菜单"开始"/"程序"/"MCGS 组态软件"/"嵌入版"/"MCGSE 组态环境"，弹出如图 1.2.1 所示的对话框。

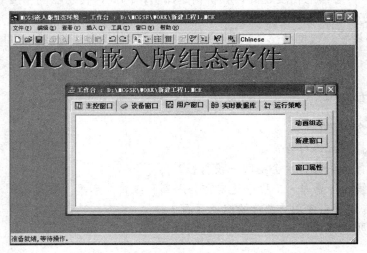

图 1.2.1 "MCGS 嵌入版组态环境"对话框

(2) 选择菜单"文件"/"新建"来新建一个工程，首先弹出"新建工程设置"对话框，如图 1.2.2 所示。根据触摸屏型号选择对应的 TPC 类型，按"确定"按钮即可进入 MCGS 嵌入版组态画面。

图 1.2.2　"新建工程设置"对话框

(3) 选择"文件"菜单中的"工程另存为"命令，弹出"保存为"对话框，在"文件名"一栏内输入"一个简单的工程"，单击"保存"按钮。新工程建立完毕，如图 1.2.3 所示。

图 1.2.3　"保存为"对话框

2.1.2　组态画面的建立

1. 新窗口的建立

要建立一个新窗口，具体步骤如下：

(1) 在工作台中选择"用户窗口"选项卡，如图 1.2.4 所示。单击"新建窗口"按钮，建立新窗口"窗口 0"，如图 1.2.5 所示。

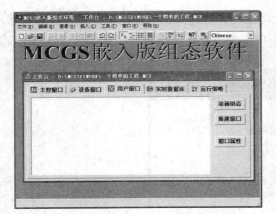
图 1.2.4　用户窗口初始画面

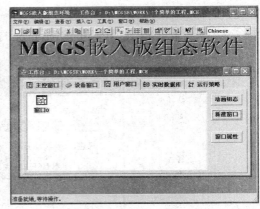
图 1.2.5　创建"窗口 0"

　　(2) 单击"窗口属性"按钮，弹出"用户窗口属性设置"对话框，如图 1.2.6 所示；选择"基本属性"选项卡，将其中的"窗口名称"栏修改为"画面窗口"，如图 1.2.7 所示；单击"确认"按钮后，就建立了一个名为"画面窗口"的新窗口，如图 1.2.8 所示。

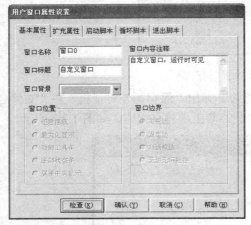
图 1.2.6　用户窗口属性设置(1)

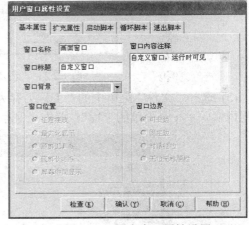
图 1.2.7　用户窗口属性设置(2)

图 1.2.8　新建立的画面窗口

2．标准按钮的建立

下面在建立好的窗口中建立标准按钮。具体步骤如下：

(1) 双击"画面窗口"，打开"动画组态画面窗口"，如图 1.2.9 所示。

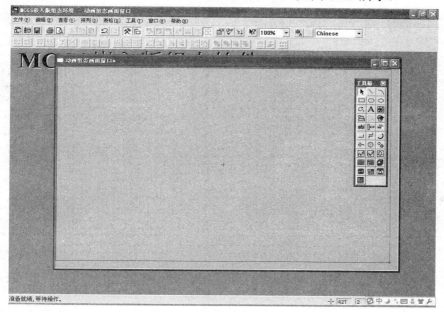

图 1.2.9　动画组态画面窗口

(2) 选择"工具箱"中的 ▭ "标准按钮"构件，鼠标变换为"+"后，在窗口编辑位置按住鼠标左键拖放出一定区域大小后，松开鼠标左键，这样就在窗口中绘制了一个标准按钮构件，如图 1.2.10 所示。

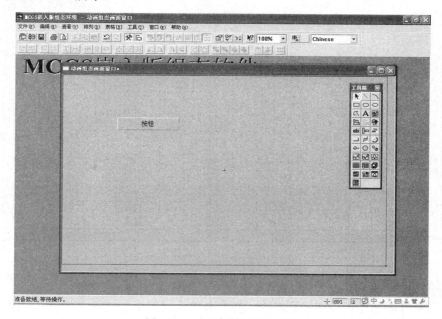

图 1.2.10　创建按钮后的窗口

（3）双击建立好的按钮，弹出"标准按钮构件属性设置"对话框，如图 1.2.11 所示；在"基本属性"选项卡中，将文本位置的文字"按钮"修改为"1 号指示灯"，如图 1.2.12 所示，单击"确认"按钮保存。

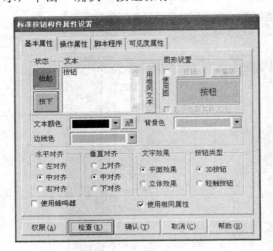

图 1.2.11　标准按钮构件属性设置框(1)

图 1.2.12　标准按钮构件属性设置框(2)

（4）按照同样的方法，建立另外一个标准按钮，并命名为"2 号指示灯"，完成后如图 1.2.13 所示。

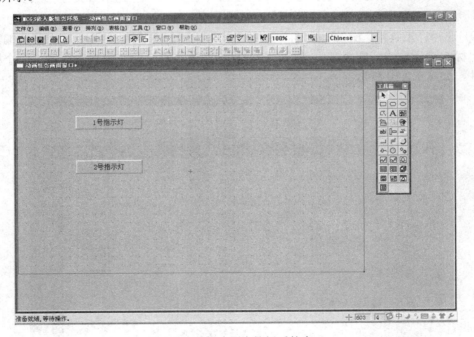

图 1.2.13　创建两个按钮后的窗口

3. 对象元件的建立

要在建立好的画面窗口中建立对象元件，具体步骤如下：

（1）单击工具箱中的 "插入元件"构件，弹出"对象元件库管理"对话框，如图 1.2.14

所示；选中图形对象库指示灯中的"指示灯 12"，单击"确定"按钮，如图 1.2.15 所示；将指示灯添加到窗口画面中，并调整到合适的大小和位置。

(2) 按照同样的方法添加另外一个指示灯，摆放在窗口中对应按钮的旁边位置，如图 1.2.16 所示。

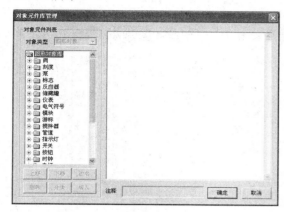

图 1.2.14 "对象元件库管理"对话框   图 1.2.15 指示灯选择对话框

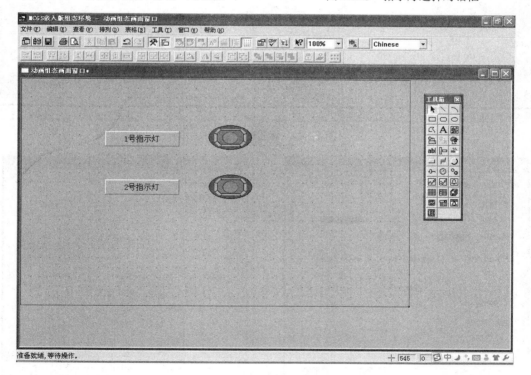

图 1.2.16 建立指示灯后的窗口

4. 标签和输入框的建立

在画面窗口中建立标签和输入框，具体步骤如下：

(1) 单击工具箱中的 **A** "标签"构件，在窗口中按住鼠标左键，拖放出一定大小的标签，如图 1.2.17 所示。然后双击标签，弹出"标签动画组态属性设置"对话框，如图 1.2.18

所示；选中"扩展属性"选项卡，修改"文本内容输入"文本框中的内容为"1 号指示灯状态："，如图 1.2.19 所示，单击"确认"按钮。

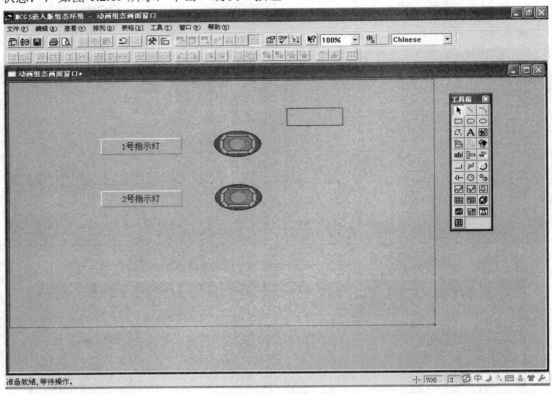

图 1.2.17　标签的创建画面

图 1.2.18　"标签动画组态属性设置"对话框(1)

图 1.2.19　"标签动画组态属性设置"对话框(2)

　　(2) 按照同样的方法添加另一个标签，在"文本内容输入"文本框中输入"2 号指示灯状态："。这样就在窗口中建立了两个标签，如图 1.2.20 所示。

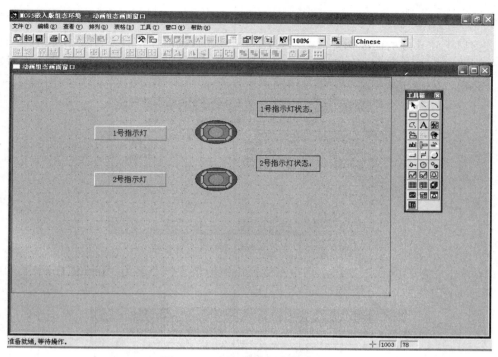

图 1.2.20　添加标签后的窗口画面

　　(3) 单击工具箱中的"输入框"构件，在窗口按住鼠标左键，拖放出两个一定大小的"输入框"，分别摆放到"1 号指示灯状态："和"2 号指示灯状态："标签的下面，如图 1.2.21 所示。

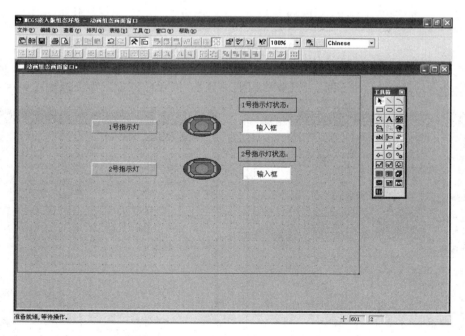

图 1.2.21　创建输入框后的窗口画面

5. 数据对象的建立

在窗口中建立好所需的元件后，需要建立相应的数据对象，具体步骤如下：

(1) 在 MCGS 嵌入版组态环境的一级菜单"查看"中选择工作台面，单击"实时数据库"子菜单，弹出如图 1.2.22 所示对话框。

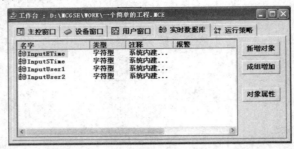

图 1.2.22 "实时数据库管理"对话框

(2) 单击"新增对象"按钮，则在左侧窗口中新增了一个名为"InputETime1"的字符型变量，如图 1.2.23 所示。

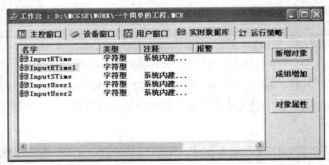

图 1.2.23 新增数据变量后的对话框

(3) 双击"InputETime1"图标，弹出"数据对象属性设置"对话框，如图 1.2.24 所示；修改对象名称为"指示灯 1 号"，对象类型为"开关"，其他设置不变，如图 1.2.25 所示。

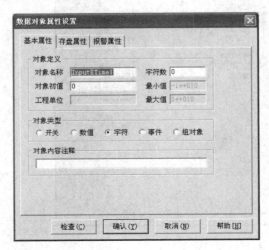 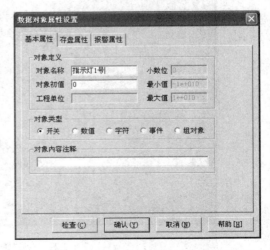

图 1.2.24 "数据对象属性设置"对话框(1)　　图 1.2.25 "数据对象属性设置"对话框(2)

(4) 依此方法同样设置"指示灯 2 号"变量。

6．数据对象的连接

数据对象建立好后，需要将数据对象关联到相应的对象元件中，具体步骤如下：

1）按钮的连接

(1) 双击"动画组态窗口画面"中的"1 号指示灯"按钮，弹出"标准按钮构件属性设置"对话框，选择"操作属性"选项卡，如图 1.2.26 所示。

(2) 选择"抬起功能"选项卡，选中"数据对象值操作"复选框，选择"清 0"选项，单击"？"按钮，选择连接变量为"指示灯 1 号"，如图 1.2.27 所示。

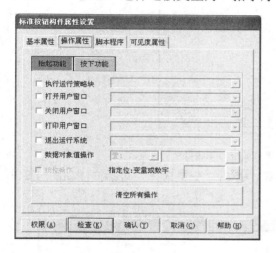 

图 1.2.26　"标准按钮构件属性设置"对话框(1)　　图 1.2.27　"标准按钮构件属性设置"对话框(2)

(3) 选择"按下功能"选项卡进行设置，选中"数据对象值操作"复选框，选择"置 1"选项，单击"？"按钮，选择连接变量为"指示灯 1 号"，如图 1.2.28 所示。单击"确认"按钮。

图 1.2.28　"标准按钮构件属性设置"对话框(3)

(4) 依此方法设置"2 号指示灯"按钮，选择连接变量为"指示灯 2 号"，其他设置不变。

2) 指示灯的连接

(1) 双击"1号指示灯"按钮旁边的指示灯图标，弹出"单元属性设置"对话框，如图1.2.29 所示。

图 1.2.29 "单元属性设置"对话框(1)

(2) 选中"数据对象"选项卡，单击 ? 按钮，弹出"变量选择"对话框，如图 1.2.30 所示。

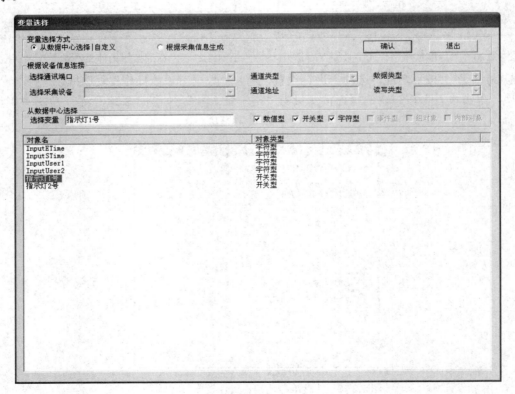

图 1.2.30 "变量选择"对话框

(3) 选择"数据对象"选项卡的"指示灯 1 号",单击"确认"按钮,则 1 号指示灯的对象连接建立完毕,如图 1.2.31 所示。

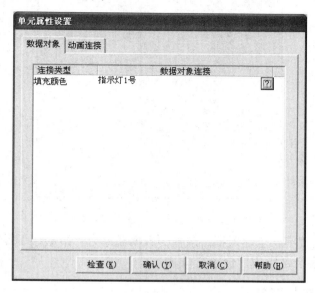

图 1.2.31　"单元属性设置"对话框(2)

(4) 依此方法设置 2 号指示灯对象,选择数据对象连接为"指示灯 2 号",其他设置不变。

3) 输入框的连接

(1) 双击 1 号指示灯下面的输入框,弹出"输入框构件属性设置"对话框,选择"操作属性"选项卡,如图 1.2.32 所示。

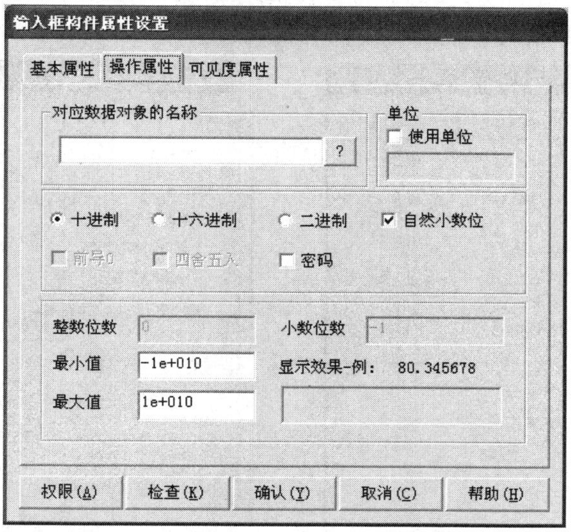

图 1.2.32　"输入框构件属性设置"对话框(1)

(2) 单击对话框中的"对应数据对象的名称"边上的 ? 按钮,弹出"输入框构件属性设置"对话框,选择"指示灯 1 号"变量,单击"确认"按钮,如图 1.2.33 所示。

图 1.2.33 "输入框构件属性设置"对话框(2)

(3) 依此方法设置另一个输入框,选择的数据对象为"指示灯 2 号",其他设置不变。至此,画面组态全部完成,保存窗口。

2.1.3 工程的下载与运行

工程建立好以后,需要将工程进行下载并运行,具体步骤如下:

(1) 使用标准 USB2.0 打印机线连接电脑和 TPC7062KS。单击工具条中的 按钮,弹出"下载配置"对话框,如图 1.2.34 所示;单击"下载配置"对话框中的"通信测试"按钮,进行通信测试。

(2) 单击"模拟运行"按钮,然后单击"工程下载"按钮,进入工程下载,如图 1.2.35 所示。下载结束后,弹出提示信息"工程下载成功"。

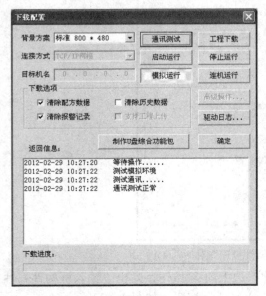

图 1.2.34 "下载配置"对话框

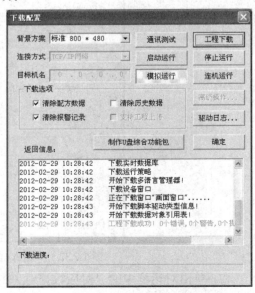

图 1.2.35 工程模拟运行对话框

(3) 单击对话框中的"启动运行"按钮，进入工程模拟运行窗口画面，如图 1.2.36 所示。

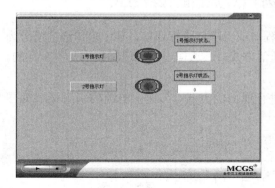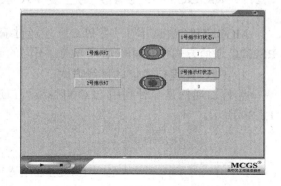

图 1.2.36　工程模拟运行窗口画面(1)　　　　图 1.2.37　工程模拟运行窗口画面(2)

(4) 按下画面中"1 号指示灯"按钮后，1 号指示灯变绿，1 号指示灯状态为"1"，如图 1.2.37 所示；按下"2 号指示灯"按钮后，2 号指示灯变绿，2 号指示灯状态为"1"。指示灯的状态可以通过指示灯按钮在红色和绿色之间进行切换。

(5) 在图 1.2.34 中，先后单击"连机运行"和"工程下载"按钮，组态程序会下载到 MCGSTPC 触摸屏中，这样就可以在触摸屏中运行了。按下触摸屏画面中的"1 号指示灯"按钮，1 号指示灯变为绿色；松开"1 号指示灯"按钮，指示灯变为红色。

至此，完成了工程的下载和工程在 MCGSTPC 中的运行过程。

2.2　触摸屏与三菱 FX 系列 PLC 的通信控制

工业上应用的触摸屏产品是一种用触摸方式进行人机交互的计算机系统，它具有智能的人机交互界面(HMI)。触摸屏通常嵌入到某一设备或产品中，通过通信方式连接设备的控制器(PLC)或智能执行机构(例如变频器)，用于控制、监控或者辅助操作机器和设备，是一种嵌入式系统。

在组态软件中创建好的组态工程，需要通过计算机与触摸屏的 USB 口或网口下载到触摸屏中并启动运行(连机运行)，才能与控制器(PLC 等)交换信息，实现监控功能。MCGSTPC 触摸屏与设备之间的连接示意图如图 1.2.38 所示。

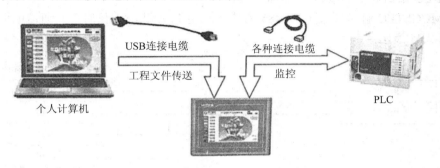

图 1.2.38　触摸屏与设备之间的连接示意图

2.2.1 MCGSTPC 触摸屏与三菱 FX 系列 PLC 通信的接线方式

MCGSTPC 触摸屏与三菱 PLC 一般通过编程口或者串口进行通信，其中串口通信可分为 RS232C 通信方式和 RS485 通信方式。不同的通信方式，其通信电缆的引脚接线是不一样的。

1. PLC 编程口通信的接线方式

编程口通信是一种利用 PLC 自带编程口进行通信的方式，其通信电缆的引脚接线如图 1.2.39 所示。

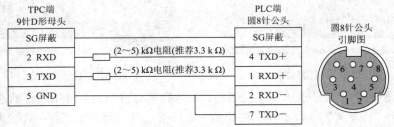

图 1.2.39　编程口通信引脚接线图

2. PLC 串口通信的接线方式(RS232C)

MCGSTPC 触摸屏可以采用 RS232C 方式与三菱 PLC 进行通信，其通信电缆的引脚接线如图 1.2.40 所示。

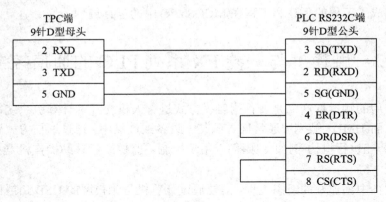

图 1.2.40　RS232C 通信引脚接线图

3. PLC 串口通信的接线方式(RS485)

当 MCGSTPC 触摸屏采用 RS485 方式与三菱 PLC 进行通信时，其通信电缆的引脚接线如图 1.2.41 所示。

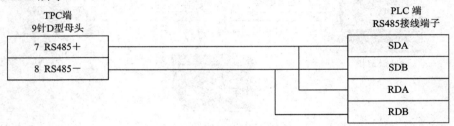

图 1.2.41　RS485 通信引脚接线图

2.2.2 工程的建立与设备组态

1. 一个新工程的建立

按照 2.1 节所讲述的内容建立一个"三菱 PLC 通信控制"工程，工程画面如图 1.2.42 所示。在本工程中，通过"1 号指示灯"按钮或者"2 号指示灯"按钮，可以切换对应指示灯的状态，用标签来记录指示灯状态改变的次数，当 1 号指示灯状态改变的次数超过 5 次，或 2 号指示灯的状态改变的次数超过 3 次时显示报警信息。

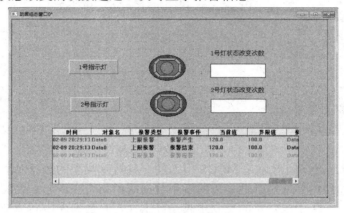

图 1.2.42 "三菱 PLC 通信控制"工程画面

1) 建立实时数据库

根据 2.1 节所述数据对象的建立方法建立实时数据库，如图 1.2.43 所示。新建"指示灯 1 号次数""指示灯 2 号次数"两个数值型数据对象并进行报警属性设置，新建组对象"指示灯次数"。

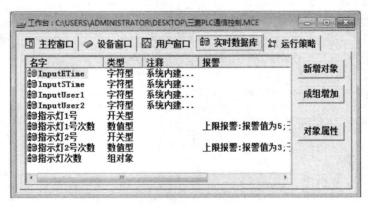

图 1.2.43 实时数据库

(1) 数值型数据对象的建立。打开工作台，单击"实时数据库"子菜单，再单击"新增对象"，新建两个新的数据对象。然后双击新建的数据对象，在弹出的"数据对象属性设置"对话框中单击"基本属性"，修改数据对象名称为"指示灯 1 号次数""指示灯 2 号次数"，对象类型为"数值"型，如图 1.2.44(a)所示。基本属性设置完成后，继续点击"报警属性"，勾选"允许进行报警处理"，在报警设置中勾选"上限报警"，并设置报警值，填写报警注释，如图 1.2.44(b)所示。

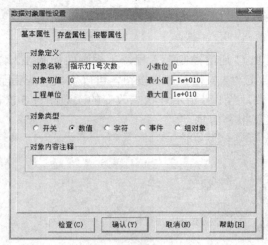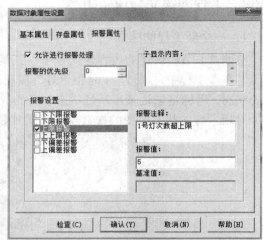

(a) 基本属性设置   (b) 报警属性设置

图 1.2.44　数值型数据对象属性设置

(2) 组对象的建立。组对象是 MCGS 引入的一种特殊类型的数据对象，类似于一般编程语言中的数组和结构体，用于把相关的多个数据对象集合在一起，使其作为一个整体来定义和处理。图 1.2.43 中组对象的建立步骤是：①在实时数据库中新建数据对象，修改数据对象名称为"指示灯次数"，对象类型为"组对象"，如图 1.2.45(a)所示；②单击"组对象成员"选项卡，将数据对象列表中的"指示灯 1 号次数""指示灯 2 号次数"增加为组对象成员，如图 1.2.45(b)所示。

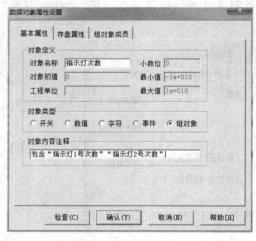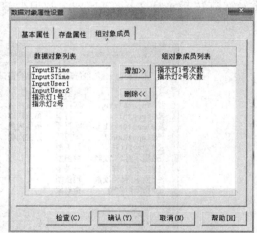

(a) 组对象基本属性设置   (b) 组对象成员添加

图 1.2.45　组对象属性设置

2) 用户窗口的建立

(1) 添加显示输出的标签。根据 2.1 节所述的步骤建立如图 1.2.42 所示的工程画面。与 2.1 节不同的是，这里的指示灯状态改变次数用标签进行显示。在画面中添加"标签"并按照如下步骤进行属性设置：①双击新建的标签，打开"属性设置"选项，如图 1.2.46(a)所示，选择填充颜色为"白色"，勾选"显示输出"；②单击"显示输出"，在弹出的选项卡中单击"？"按钮，将标签关联到需要显示的实时数据库中建立的数据对象，如"指示灯 1 号次数"，输出值类型选择"数值量输出"，输出格式自定义，如图 1.2.46(b)所示。

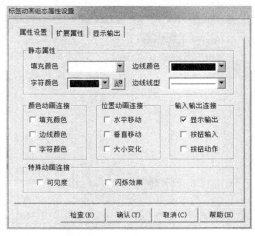
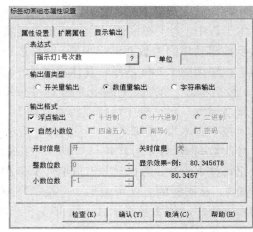

(a) "属性设置"选项　　　　　　　　(b) "显示输出"选项

图 1.2.46　标签属性设置

(2) 报警组态。根据要求，当指示灯的状态改变次数超过一定值时，需要显示报警信息，即进行报警处理。MCGS 嵌入版组态软件中，把报警处理作为数据对象的属性封装在数据对象内，由实时数据库在运行时自动处理。当数据对象的值或状态发生改变时，实时数据库判断对应的数据对象是否发生了报警或已产生的报警是否已经结束，并把所产生的报警信息通知给系统的其他部分。注意，在进行报警组态时，首先要对需要报警的数据对象进行报警属性设置，如图 1.2.44(b)所示。

报警组态时，可以通过工具箱中的报警显示 🔔 构件，或者报警浏览构件 📛 来显示实时报警信息，也可以通过报警条构件 LED 滚动显示报警注释信息。本工程中，采用报警显示构

图 1.2.47　"报警显示构件属性设置"对话框

件进行报警信息的显示，其组态步骤是：①单击工具箱中的 🔔 图标，在工程画面中按住鼠标左键并拖动添加报警显示构件；②双击报警显示构件进入该构件的"报警显示构件属性设置"对话框，如图 1.2.47 所示，单击"？"按钮关联实时数据库中的数据对象。由于要显示"指示灯 1 号次数"和"指示灯 2 号次数"两个数据对象的报警信息，因此关联数据对象时选择组对象"指示灯次数"。单击"确认"按钮，报警显示组态就完成了。

3) 添加脚本

脚本程序是组态软件中的一种内置编程语言引擎。当某些控制和计算任务通过常规组态方法难以实现时，通过使用脚本语言能够增强整个系统的灵活性，解决常规组态方法难以解决的问题。在 MCGS 嵌入版中，脚本语言是一种语法上类似 Basic 的编程语言。

本工程中，为了在模拟运行时标签中能实时显示按钮动作的次数并进行报警，编写按钮的脚本程序如图 1.2.48 所示。具体步骤是：双击"1 号指示灯"按钮，在弹出的"标准按钮构件属性设置"对话框中选择"脚本程序"，单击"按下脚本"，在脚本编辑区输入"指示灯 1 号次数=指示灯 1 号次数+1"，即 1 号指示灯按钮每按下一次，数据对象"指示灯 1 号次数"加 1。按同样的方法可编写 2 号指示灯按钮的脚本程序，使 2 号指示灯按钮每按下一次，数据对象"指示灯 2 号次数"加 1。

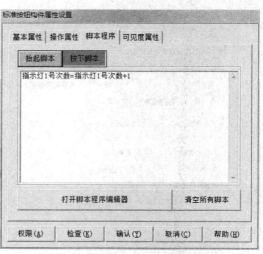

图 1.2.48　脚本

在图 1.2.48 所示对话框中，单击"打开脚本程序编辑器"按钮，可进一步打开脚本程序编辑环境，如图 1.2.49 所示。由图可见，MCGS嵌入版的脚本程序编辑环境主要由脚本程序编辑框、编辑功能按钮、操作对象列表和函数列表、脚本语句和表达式四个部分构成。脚本程序编辑框用于书写脚本程序和脚本注释；编辑功能按钮提供了文本编辑的基本操作；操作对象列表和函数列表以树结构的形式，列出了工程中所有的窗口、策略、设备、变量、系统支持的各种方法、属性以及各种函数，以供用户快速地查找和使用；脚本语句和表达式则列出了 MCGS 嵌入版使用的三种语句的书写形式和 MCGS 嵌入版允许的表达式类型。

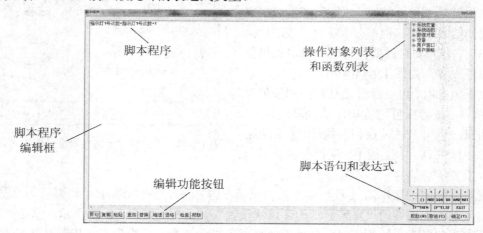

图 1.2.49　脚本程序编辑环境

4) 模拟运行

根据以上步骤创建好组态工程并保存后就可以下载到模拟运行环境中进行模拟运行。

模拟运行画面如图 1.2.50 所示，单击"1 号指示灯"按钮和"2 号指示灯"按钮，标签实时显示按钮的动作次数，报警显示构件显示报警信息。

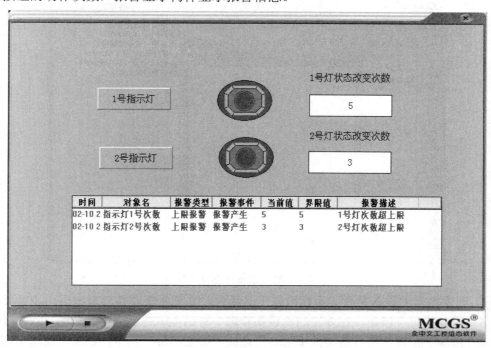

图 1.2.50　模拟运行画面

2．设备组态

设备组态窗口是 MCGS 嵌入版系统的重要组成部分，只有在设备窗口中建立起系统与外部硬件设备的连接关系，才能使系统从外部设备读取数据并控制外部设备的工作状态，实现对工业过程的实时监控。

在 MCGS 嵌入版组态软件中，实现设备驱动的基本方法是：在设备窗口内配置不同类型的设备构件，并根据外部设备的类型和特征设置相关的属性。MCGS 将设备的操作方法如硬件参数配置、数据转换、设备调试等都封装在构件之中，以对象的形式与外部设备建立数据的传输通道连接。系统运行过程中，设备构件由设备窗口统一调度管理。通过通道连接，它既可以向实时数据库提供从外部设备采集到的数据，供系统其他部分进行控制运算和流程调度，又能从实时数据库中查询控制参数，实现对设备工作状态的实时检测和过程的自动控制。

在本工程中，设备组态使用 PLC 的串口通信，采用 RS485 的通信方式，其对应的驱动构件为三菱 FX 系列串口。具体设备组态过程的步骤如下：

(1) 在工作台中激活设备窗口。

(2) 双击 进入"设备窗口"的设备组态画面。

(3) 单击工具条中的 ，打开"设备工具箱"，如图 1.2.51 所示。

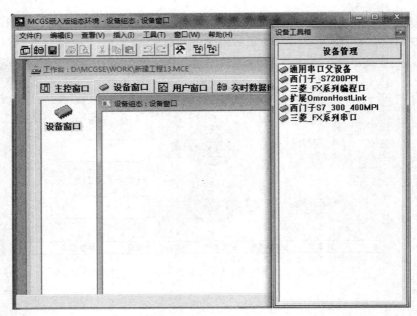

图 1.2.51　设备组态对话框

(4) 观察所需的设备是否显示在设备工具箱内，如果所需设备没有出现，则需要用鼠标单击"设备管理"按钮，在弹出的"设备管理"对话框中选定所需的设备，双击鼠标或者单击"增加"按钮，将设备构件添加到右侧的"选定设备"栏中。添加"通用串口父设备"和"三菱_FX 系列串口"驱动构件，如图 1.2.52 所示。

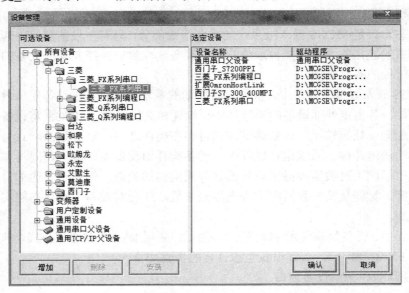

图 1.2.52　"设备管理"对话框

(5) 完成驱动构件的选定后，在设备工具箱中会出现已经添加的设备驱动构件，此时可依次将工具箱中的"通用串口父设备"和"三菱_FX 系列串口"子设备添加到设备窗口，如图 1.2.53 所示。

图 1.2.53 父设备和子设备构件对话框

(6) 设置父设备通信参数。MCGS 组态软件采用在通用串口父设备下挂接多个通信子设备的通信设备处理机制。由通用串口父设备构件完成对串口的通信参数和通信端口设置。注意：通信参数必须根据实际通信模块(如 PLC)的通信参数设置值进行设置，一般建议设置通信参数为：通信波特率为 9600，数据位为 7 位，停止位为 1 位，数据校验方式为偶校验，如图 1.2.54 所示。

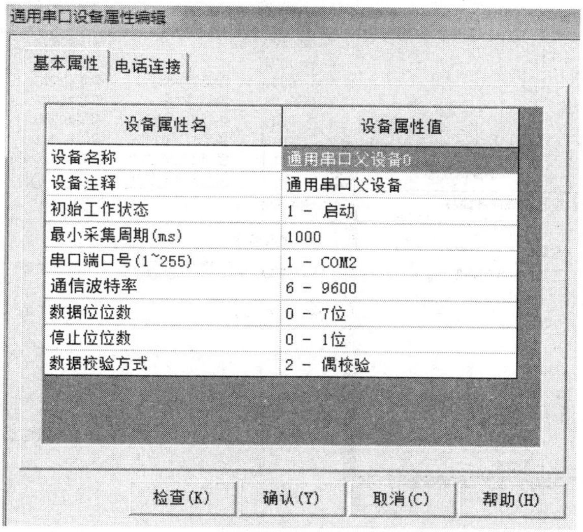

图 1.2.54 父设备通信参数设置对话框

(7) 三菱 FX 系列 PLC 的串口(子设备)设置。通信子设备构件是串口实际挂接设备的驱动程序，子设备继承有父设备的部分公共属性。MCGSTPC 触摸屏与三菱 PLC 之间采用串口方式通信时，需要对串口参数进行定义(设备编辑窗口/设备属性值)，参数设置值建议采用表 1.2.1 中的值。

表 1.2.1　三菱 FX 系列 PLC 的串口参数设置值

设置项	三菱_FX 系列串口
最小采集周期	默认：100 ms
设备地址	设置为与 PLC 设备地址相同
通信等待时间	默认：200 ms
快速采集次数	默认：0
CPU(PLC)类型	根据不同的 PLC 类型选择
协议格式	建议：0—协议 1(即格式 1)
是否校验	建议：1—求校验(即和数检查)

(8) 添加通道。MCGS 嵌入版设备中一般都包含有一个或多个用来读取或者输出数据的物理通道，称为设备通道，如：模拟量输入装置的输入通道、模拟量输出装置的输出通道、开关量输入/输出装置的输入/输出通道等，这些都是设备通道。在设备窗口中双击"三菱FX系列串口"选项卡，进入"设备编辑窗口"，单击"增加设备通道"按钮，弹出"添加设备通道"对话框，选择合适的"通道类型"，如图 1.2.55 所示。依次添加通道 Y0、Y1、M0、M1、D0、D1，设置完成后，单击"确认"按钮。

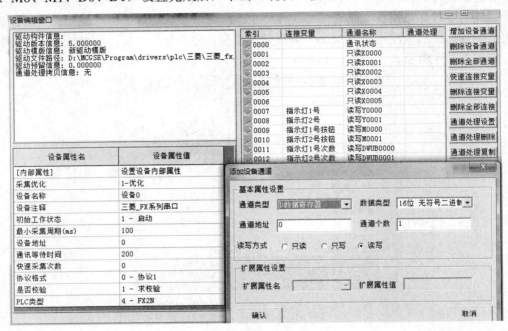

图 1.2.55　"添加设备通道"对话框

(9) 通道关联变量。设备通道只是数据交换用的通路，而数据交换的对象则必须由用户指定和配置。实时数据库是 MCGS 嵌入版的核心，各部分之间的数据交换均须通过实时数据库。因此，所有的设备通道都必须与实时数据库连接。所谓通道连接，即是由用户指定设备通道与数据对象之间的对应关系，这是设备组态的一项重要工作。如不进行通道连接组态，则 MCGS 嵌入版无法对设备进行操作。

通道连接时，选中需要连接的通道，双击鼠标左键或者单击鼠标右键就可以打开通道连接变量选择窗口进行数据对象的选择。图 1.2.55 所示是已经连接好的变量，这里新增了"指示灯 1 号按钮"和"指示灯 2 号按钮"两个新的数据对象，并且在用户窗口画面中分别与两个按钮进行了关联。

在"设备编辑窗口"中可以直接为实时数据库添加数据对象，具体步骤是：

在"设备编辑窗口"选择"快速连接变量"按钮，进入"快速连接"对话框，选择"默认设备变量连接"，单击"确认"按钮回到"设备编辑窗口"，自动生成相应的变量名，在"设备编辑窗口"单击"确认"按钮，系统提示"添加变量"，选择"全部添加"，所建立的变量会自动添加到实时数据库，不过，此时的变量名就是通道名。

此外，在用户窗口进行构件属性设置时，也可以自动生成实时数据库的数据对象，并且在设备窗口中实现通道的自动关联。以一个按钮为例，我们在用户窗口中添加一个"数据复位"按钮，双击打开"按钮属性设置"对话框，在"操作属性"对话框中勾选"数据对象值操作"功能，选择"按1松0"，单击"？"按钮打开如图 1.2.56(a)所示的"变量选择"对话框，单击"根据采集信息生成"，设置通道类型"M 辅助寄存器"，通道地址"2"，单击"确认"按钮，返回如图 1.2.56(b)所示的"标准按钮构件属性设置"对话框。打开设备窗口，可以看到新增的通道 M2 以及自动关联的变量"设备 0_读写 M0002"，如图 1.2.56(c)所示。这种组态方法简单、快速，可用于数据对象不多的组态工程设计。

(a) 变量的生成

(b) 按钮关联的变量　　　　　　　　　　(c) 设备窗口通道连接

图 1.2.56　根据采集值生成的变量

3．PLC 通信参数的设置

为了实现 PLC 与触摸屏的正常通信，还需进行 PLC 的通信参数设置，步骤如下：

(1) 通过编程电缆连接好 PLC 并上电，运行 PLC 编程软件，如 GX Developer 等。

(2) 双击左侧栏内的"PLC 参数"选项卡，在弹出的"FX 参数设置"对话框中单击"PLC

系统(2)"页面，进行通信参数的设置。具体的参数设置如图 1.2.57 所示。

注意：这里的通信参数要与组态软件中父设备的参数设置保持一致。

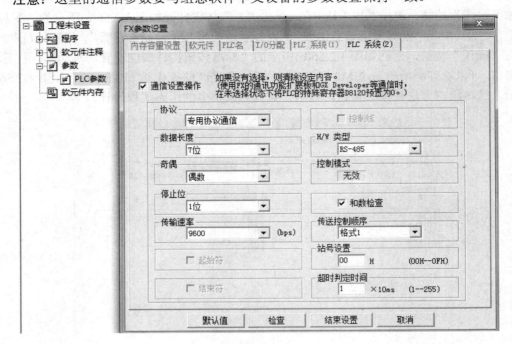

图 1.2.57　"FX 参数设置"对话框

4．PLC 程序的编写和下载

(1) 编写相应的 PLC 程序，其中程序中的软元件与组态画面中元件对象的对应关系如表 1.2.2 所示，梯形图程序如图 1.2.58 所示。

(2) 下载 PLC 程序到 PLC 中，下载组态工程到 TPC7062K 中。然后运行，即可实现触摸屏与三菱 FX 系列 PLC 的实际通信。

注意：本工程在下载前需先删除图 1.2.48 所示脚本，否则可能会与 PLC 程序发生冲突。

表 1.2.2　PLC 程序与组态画面元件对应关系

PLC 程序中的软元件	对应的组态画面对象
M0	1 号指示灯按钮
M1	2 号指示灯按钮
M2	数据复位按钮
Y0	1 号指示灯输出
Y1	2 号指示灯输出
D0	1 号指示灯变化次数
D1	2 号指示灯变化次数

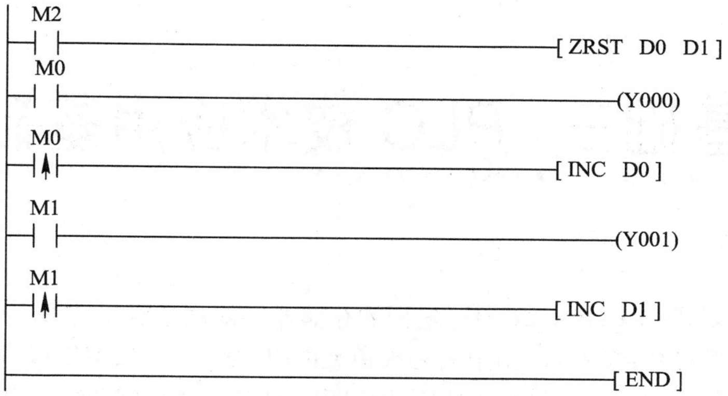

图 1.2.58　三菱 PLC 通信控制工程案例梯形图程序

思考与练习

1. 练习安装嵌入式组态软件到自己的计算机中。
2. 写出几种市场中主流 PLC 与 TPC 的通信接线方式。
3. 用案例说明 MCGSTPC 在工业自动化中的应用。

基础三　PLC 技术应用基础

可编程序控制器(简称 PLC)采用可编程的存储器存储执行逻辑运算、顺序控制、定时、计数和算术运算等操作的指令，由中央处理单元(CPU 模块)按照系统程序赋予的功能扫描并执行用户程序和数据，并通过输入/输出接口模块(I/O 模块)来控制各种机械或生产过程。作为一种专门用于工业控制的计算机，在组成控制系统时，PLC 的硬件应根据实际需要进行配置，软件编制的程序则需要根据工艺和控制要求进行设计。

3.1　三菱 FX 系列 PLC 的外部硬件接线

PLC 的对外功能主要是通过 I/O 模块的外接线实现对工业设备或生产过程的检测或控

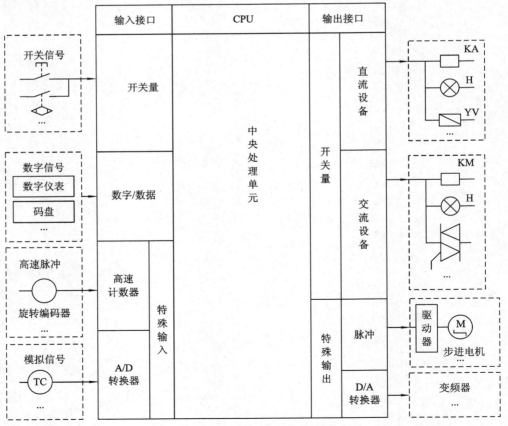

图 1.3.1　PLC 的 I/O 设备框图

制。I/O 模块是 CPU 与现场 I/O 设备或其他外部设备之间连接的桥梁。其中，输入模块的作用是采集现场设备的各种输入信号，如按钮、接近开关、光电编码器、压力继电器等各种开关量信号和热电偶、电位器以及各种变送器提供的模拟量输入信号，并将这些信号转换为 CPU 能够接收和处理的数字信号。输出模块的作用是接收经过 CPU 处理的数字信号，并把这些信号转换为被控设备能够接收的电压或电流信号，以控制接触器、电磁阀、调速装置等执行装置或报警、指示灯等设备。PLC 的 I/O 设备框图如图 1.3.1 所示。

3.1.1 输入接口电路

1. 数字量输入接口电路

开关量、数字/数据、高速计数器输入接口均属于数字量输入接口。数字量输入接口按照供电电源的不同分为直流输入模块、交流输入模块和交直流输入模块三种，对于直流输入模块又有漏型输入和源型输入之分。以下按照不同的类别详细说明各数字量输入接口的接线方法及注意事项。

1) 直流输入接口与交流输入接口

直流输入接口电路如图 1.3.2 所示，点画线框内是 PLC 内部的输入电路，框外是外部用户连接线。由图可见，该模块主要由光电耦合器、发光二极管等元器件组成。当外部输入元件接通时，电流通过限流电阻 R_1、光电耦合器内部 LED、发光二极管 VD 到内部电路的公共端 S/S 形成回路。此时，光电耦合器内部的光敏三极管导通，信号进入 PLC 用户程序的数据存储区，以供 CPU 作逻辑或数值运算之用。PLC 模块面板上的发光二极管 VD 点亮，表示输入端接通。

如图 1.3.2 所示，在直流输入接口电路中，电源部分采用了外接电源。对于整体式 PLC 而言，直流输入接口电路一般使用 PLC 本机的直流电源供电，无需外接电源。

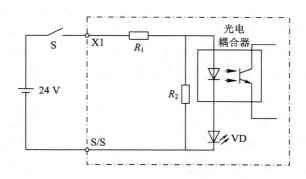

图 1.3.2　直流输入接口电路

图 1.3.3 所示为交流输入接口电路，图中电容 C 为隔直电容，对交流输入相当于短路，电路的工作原理与直流输入接口电路基本相同。图 1.3.4 所示为交/直流输入接口电路。

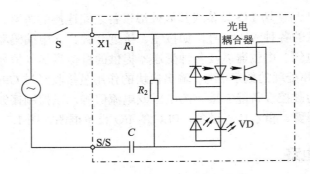

图 1.3.3　交流输入接口电路

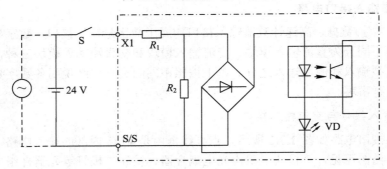

图 1.3.4　交/直流输入接口电路

2) 漏型输入接口与源型输入接口

漏型(Sink)输入和源型(Source)输入专指直流输入接口。对于三菱 **FX** 系列 **PLC**，直流电流从 PLC 内部电路的公共端(S/S 端)流进，从输入端流出称为漏型输入，漏型输入也称为拉电流输入。反之，直流电流从 PLC 内部电路的公共端(S/S 端)流出，从输入端流入称为源型输入，源型输入也称为灌电流输入。显然，图 1.3.2 所示接口电路为源型输入。

PLC 内部的输入接口电路通常采用双向发光二极管的结构，使用时若输入端所接外部信号为无源机械触点输出，则接成漏型输入或源型输入均可；若外部信号为有源晶体管开关输出，则必须根据晶体管的类型予以接线。根据电流的流向，NPN 型晶体管开关应接成漏型输入，PNP 型晶体管开关则应接成源型输入，其电路分别如图 1.3.5 及图 1.3.6 所示。

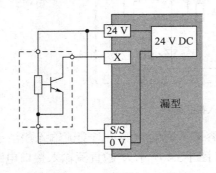

图 1.3.5　漏型输入电路

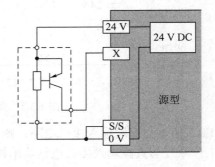

图 1.3.6　源型输入电路

三菱公司在中国销售的 FX$_{2N}$ 系列-001 型 PLC 输入接口电路中，光电耦合器的公共端已经接到直流 24 V+，因此外电路只能接成漏型输入。当输入是无源触点输入时，接线如

图 1.3.7 所示，电流从 24 V +端子流经内部电路、X 输入端子和外部的触点，从 COM 端子流回电源负极。当输入是 2 线式接近开关时，接线图如图 1.3.8 所示，2 线式接近开关为 NPN 型。当输入是 3 线式接近开关时，接线图如图 1.3.9 所示，3 线式接近开关也是 NPN 型。

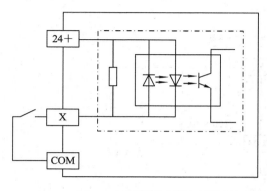

图 1.3.7　无源触点输入接线图

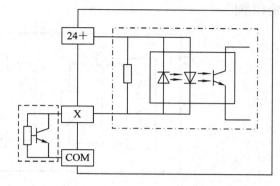

图 1.3.8　2 线式接近开关输入接线图

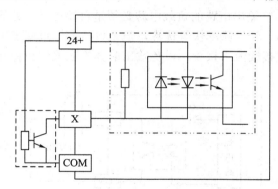

图 1.3.9　3 线式接近开关输入接线图

2. 模拟量输入接口电路

模拟量输入接口电路通常称为模拟量输入模块或 A/D 模块，它的作用是将现场连续变化的标准信号转换成 PLC 可以处理的由若干位二进制数组成的数字信号。标准信号是指符合 IEC 标准的(0～10) V DC、(−10～+10) V DC，(0～5) V DC 电压信号或(4～20) mA 的电流信号等。转换后的数字信号一般为 12 位二进制数或 16 位二进制数。

除接收标准电压、电流信号的模拟量输入模块外，三菱 FX 系列 PLC 还提供 PT-100 型温度传感器用模拟量输入模块 FX_{3U}-4AD-PT，以及热电偶温度传感器用模拟量输入模块 FX_{3U}-4AD-TC 等特殊模拟量输入模块，以方便现场使用。

3.1.2　输出接口电路

1. 开关量输出接口电路

PLC 的开关量输出接口电路将 PLC 内部的标准信号转换成现场执行机构所需要的开关

量信号。按照输出电路采用的开关器件不同，开关量输出接口电路可分为继电器输出、晶体管输出和晶闸管输出等3种类型，分别如图1.3.10～图1.3.12所示。

图1.3.10所示继电器输出电路的负载电源可以是交流也可以是直流，是有触点开关，带负载能力较强，具有电压范围宽、导通压降小、价格便宜等优点，但是触点寿命短，转换频率低。

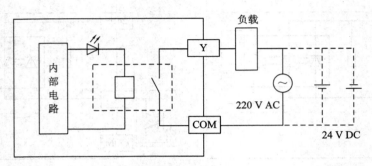

图1.3.10　继电器输出电路

图1.3.11所示晶体管输出电路的负载电源必须是直流电源，是无触点开关，具有寿命长、无噪声、可靠性高、转换频率快等优点，但是价格高，过载能力较差。如果负载为感性负载，则必须给负载接续流二极管，以免输出晶体管在输出点停止输出时受到高电压的冲击。

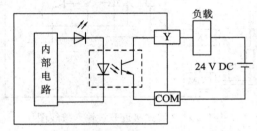

图1.3.11　晶体管输出电路

图1.3.12所示晶闸管输出电路的负载电源是交流电源，不同型号的PLC外加电压和带负载能力有所不同，双向晶闸管是无触点开关，因而具有寿命长、无噪声、可靠性高等优点，但是价格高，过载能力较差。

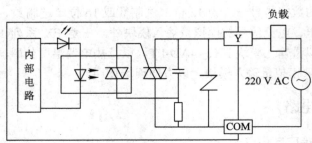

图1.3.12　晶闸管输出电路

根据输出点电流的流向可以把PLC的输出接口电路分为源型和漏型两种类型。对三菱

FX 系列的 PLC 而言，漏型输出是指负载电流流入输出端子，再从公共端子流出；源型输出是指负载电流从输出端子中流出，再从公共端子流入。如图 1.3.11 所示的晶体管输出电路中，当 PLC 上的晶体管输出点 Y 为状态"ON"时，电流从输出点 Y 流入 PLC，从公共端 COM 流出，属于漏型输出。

PLC 数字量输出接口电路的公共端子(COM 端)有两种不同的接法，一种接法是各自独立的，另一种是每 4～8 个输出点构成一组，每组一个公共端子。在输出共用一个公共端子的范围内，负载电压必须为同一电压类型和同一电压等级。由于各输出公共点之间是隔离的，因此不同的组可以使用不同电压类型和等级的电压源来为负载供电，如图 1.3.13 所示。

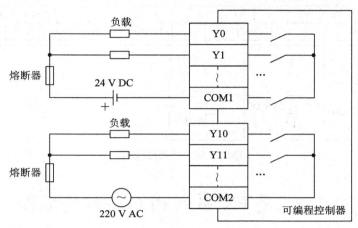

图 1.3.13　不同供电电源的负载接线图

2. 模拟量输出接口电路

模拟量输出接口的作用是将 PLC 运算处理后的数字量信号转换为模拟量信号输出，以满足生产过程中现场连续控制信号的要求。模拟量输出接口一般由光电隔离、D/A 转换和信号驱动等环节组成，可以输出(−10～+10) V 的电压和(4～20) mA 的电流。在实际应用中，如果既有模拟量信号输入，同时又需要输出模拟电压或电流信号，则可选用模拟量输入、输出接口模块，如 FX_{2N}-3A 等，该模块具有 2 个 8 位的模拟量输入通道和 1 个 8 位的模拟量输出通道。

3.1.3　外部接线实例

以三菱 FX_{3U}-32MR 型 PLC 为例，在 PLC 的输入端接入按钮 SB1、限位开关 SQ1 以及 NPN 型接近开关 SH1，输出为一个 220 V 的交流接触器 KM1 和一个 24 V 的直流电磁阀 YV1。具体接线如图 1.3.14 所示。

在图 1.3.14 中，L、N 为 PLC 的供电电源，输入元器件分别接 PLC 的输入点 X0、X2 和 X6。由于接触器负载 KM1 和电磁阀负载 YV1 为不同类型的电源供电，因此它们分别接入具有不同公共端子的 PLC 输出点 Y1 和 Y5。此外，接触器 KM1 和电磁阀 YV1 的线圈都是感性负载，为避免输出点断开时感应电动势对 PLC 的影响，可分别并联 RC 阻容吸收电路和二极管续流电路。

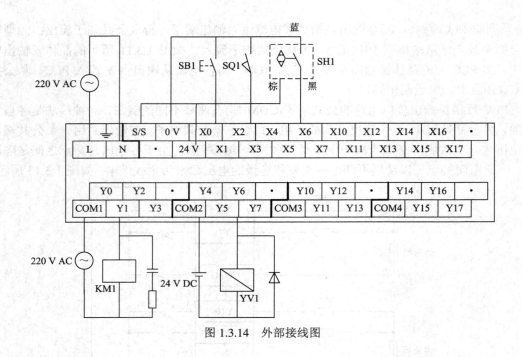

图 1.3.14 外部接线图

3.2 三菱 FX 系列 PLC 的软件编程

三菱 FX_{3U} 系列 PLC 共有 29 条基本指令和约 300 条应用指令，灵活使用这些指令便可以实现各种控制要求。

3.2.1 常用控制程序及其编程方法

1. 启保停程序

启保停程序是具有启动、保持和停止功能的程序的简称，是 PLC 中最常用的程序。如图 1.3.15 所示，X0 为启动按钮，X1 为停止按钮。为安全起见，PLC 输入点 X1 外接常闭按钮，当该按钮未按下时，程序中的 X1 常开触点为接通状态。当按下启动按钮 X0 时，线圈 M0 得电且自保持；当按下停止按钮 X1(外接常闭按钮)时，启保停程序(a)中的 X1 断开，线圈 M0 失电，时序图如图(b)所示。

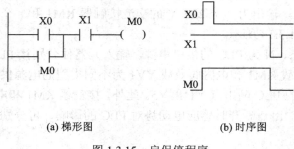

(a) 梯形图   (b) 时序图

图 1.3.15 启保停程序

2. 一个扫描周期的脉冲输出

一个扫描周期的脉冲输出可以有多种实现方法，除了使用微分指令 PLS 外，还常用如图 1.3.16 和图 1.3.17 所示的方法。图 1.3.16 所示是用标准触点指令使 Y0 输出一个扫描周期的脉冲，图 1.3.17 是用定时器触点 T0 输出一个扫描周期的脉冲。此外，当计数器自复位时通常也可以输出一个扫描周期的脉冲。

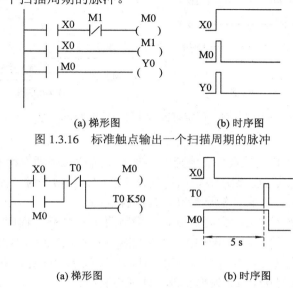

(a) 梯形图   (b) 时序图

图 1.3.16　标准触点输出一个扫描周期的脉冲

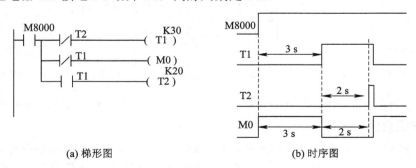

(a) 梯形图   (b) 时序图

图 1.3.17　定时器触点输出一个扫描周期的脉冲

3. 闪烁

在 PLC 编程中，闪烁功能通常可以由特殊辅助继电器如 M8013 等予以实现，由于特殊辅助继电器输出的是方波，在要求接通和断开时间不一致或者闪烁周期与 PLC 提供的特殊辅助继电器闪烁周期不一致时，可以通过如图 1.3.18 所示的程序实现闪烁功能。该程序中，输出继电器 M0 接通 3 s 断开 2 s，闪烁周期是 5 s。

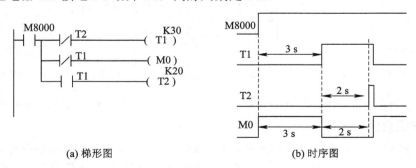

(a) 梯形图   (b) 时序图

图 1.3.18　闪烁

图 1.3.19 所示是用定时器和计数器实现的闪烁功能。在该程序中，定时器 T0 每 1 s 产生一个扫描周期的脉冲，计数器 C0 对该脉冲进行计数。通过触点比较指令将计数器的当前值与常数进行比较，由比较结果驱动辅助继电器 M0，使 M0 产生交替闪烁。

需要注意的是，在图 1.3.18 和图 1.3.19 所示闪烁程序中，均存在由扫描周期所带来的计时误差问题，在闪烁周期较长时可以忽略不计，但在闪烁周期较短时应予以注意。

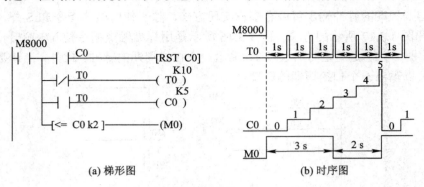

(a) 梯形图　　　　　　　　　　　(b) 时序图

图 1.3.19　用定时器和计数器实现闪烁功能

4. 延时

三菱 FX 系列 PLC 的定时器为通电延时定时器，当输入信号为状态"ON"时，定时器线圈通电，定时器的设定值开始运算，当达到设定值时，其常开触点闭合，常闭触点断开。当定时器的输入断开时，其常开触点断开，常闭触点闭合。

当控制电路中需要失电延时定时器时，可采用图 1.3.20 所示程序。在该程序中，当输入信号 X2 为状态"ON"时，输出继电器 Y2 线圈得电并自保持，但定时器 T2 由于接 X2 的常闭触点而无法通电计时，只有当 X2 断开时，其常闭触点闭合，定时器 T2 才能通电计时，5 s 后 T2 常闭触点断开，Y2 失电断开，即失电延时。

图 1.3.21 所示为通电和失电双延时梯形图，当输入信号 X2 为"ON"时，T1 开始定时，2 s 后接通 Y2 并自保持。当输入 X2 由"ON"变为"OFF"时，T2 开始定时，3 s 后，T2 常闭触点断开，Y2 失电断开，实现了输出线圈 Y2 在通电和失电时均产生延时控制的效果。

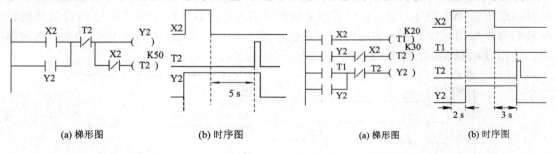

(a) 梯形图　　　　　(b) 时序图　　　　　　　(a) 梯形图　　　　　(b) 时序图

图 1.3.20　失电延时　　　　　　　　　图 1.3.21　通电、失电双延时

5. 单按钮启停控制

当一台 PLC 控制多个需要启停操作的设备时，如果一台设备的启动和停止由两个按钮分别控制，就会占用很多的输入点。由于大多数被控设备都是输入信号多，输出信号少，因此设计控制电路时常常会受到输入点的限制。而使用单按钮的启停控制程序则可以有效减少对输入点的占用，解决输入点不足的问题。

单按钮启停控制程序如图 1.3.22 所示，当第一次按下按钮 X0 时，M1 线圈得电，X0 为启动按钮信号；当第二次按下 X0 时，M1 线圈失电，X0 为停止按钮信号。

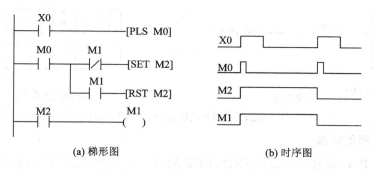

(a) 梯形图   (b) 时序图

图 1.3.22　单按钮启停控制

如图 1.3.23 所示是采用计数器实现的单按钮启停控制程序。当按下 X0 时，M100 产生一个扫描周期的脉冲，该脉冲使 Y0 线圈得电并自保持，此时 X0 为启动按钮信号，计数器 C0 对 M100 的脉冲进行计数；当再次按下 X0 使 M100 产生第二个脉冲时，计数器达到计数值 2，其常闭触点断开，Y0 线圈失电断开，此时 X0 为停止按钮信号。与此同时，计数器复位触点接通进行自复位，准备下一次计数。

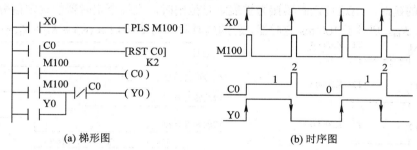

(a) 梯形图   (b) 时序图

图 1.3.23　用计数器实现的单按钮启停控制

6. 二分频程序

用 PLC 可以实现对输入信号的任意分频，如图 1.3.24 所示是一个二分频程序，当 X0 由状态 "OFF" 变为 "ON" 时，M100 产生一个扫描周期的单脉冲，其常开触点闭合使 Y0 线圈接通并自保持，Y0 常闭触点断开。当 X0 再次由状态 "OFF" 变为 "ON" 时，M100 产生单脉冲，与 Y0 常开触点串联的 M100 常闭触点断开，Y0 线圈随即失电断开。

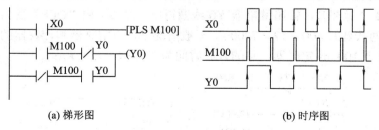

(a) 梯形图   (b) 时序图

图 1.3.24　二分频

图 1.3.25 所示是采用功能指令 ALTP 实现的二分频。ALTP 是脉冲执行型的交替输出指令，该指令每执行一次，输出软元件就反转一次。

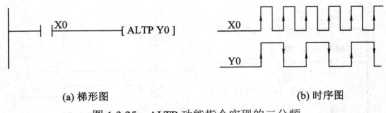

(a) 梯形图   (b) 时序图

图 1.3.25　ALTP 功能指令实现的二分频

7. 定时范围的扩展

FX$_{3U}$ 系列 PLC 定时器的最长定时时间是 3276.7 s，如果需要更长时间的延时，可以采用图 1.3.26 所示的定时器接力定时程序，或图 1.3.27 所示的定时器与计数器配合的定时程序来实现。

在图 1.3.26 所示的定时器接力定时程序中，当 X1 由"OFF"变为"ON"时，启动定时器 T1 定时，定时时间到，T1 的常开触点闭合，启动下一个定时器 T2，T2 定时器定时时间到后，再用 T2 的常开触点启动 T3，T3 定时时间到后，其常开触点闭合，输出继电器 Y0 线圈得电。由此可见，从 X1 由"OFF"变为"ON"到 Y0 为"ON"，期间共延时 7200 s，实现了 2 h 的延时。用这种定时器接力扩展定时范围时，设各个定时器的设定值分别为 K_{t1}、K_{t2}、K_{t3}、$\cdots$、K_{tn}，则对于 100 ms 定时器，总的延时时间为 $T = 0.1 \times (K_{t1} + K_{t2} + K_{t3} + \cdots + K_{tn})(\mathrm{s})$。

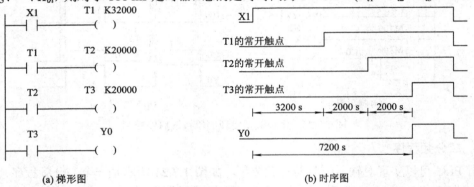

(a) 梯形图   (b) 时序图

图 1.3.26　定时器接力定时电路

采用如图 1.3.27 所示的定时器和计数器配合的方式也可以实现定时器范围的扩展。在该程序中，定时器 T1 每 600 s 产生一个扫描周期的脉冲，计数器 C1 对该脉冲进行计数，计数器计满 12 个脉冲时，输出继电器 Y0 线圈得电。从 X1 由"OFF"变为"ON"到 Y0 为"ON"，期间共延时 $600 \times 12 = 7200$ s。一般情况下，设定时器和计数器的设定值分别是 K_t 和 K_c，则对于 100 ms 定时器，总的延时时间为 $T = 0.1 \times K_t \times K_c(\mathrm{s})$。

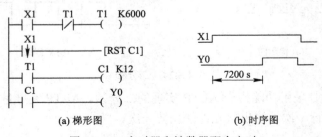

(a) 梯形图   (b) 时序图

图 1.3.27　定时器和计数器配合定时

8. 计数范围的扩展

在使用计数器时，若单个计数器的计数范围不能满足要求，可以将几个计数器组合起来使用，扩大计数器范围。如图 1.3.28 所示是一种加法扩充计数程序，X0 接通后，计数器 C1 对辅助继电器 M8013 进行脉冲计数，计满 3 个脉冲后其常开触点接通，启动计数器 C2 计数，C2 计满 5 个脉冲后输出继电器 Y0 线圈得电。从 X0 由 "OFF" 变为 "ON" 到 Y0 为 "ON"，期间计数总脉冲数为 C1 和 C2 计数值之和减 1，即共计 7 个脉冲。设有 n 个计数器，则系统总计数值 = 计数器 1 的设定值 + 计数器 2 的设定值 + 计数器 3 的设定值 + … + 计数器 n 的设定值 – (n – 1)。

如图 1.3.29 所示是乘法扩充计数程序，总计数值是各计数器设定值的乘积。

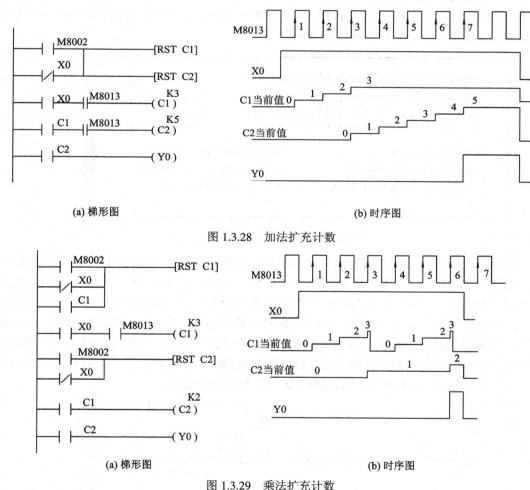

(a) 梯形图   (b) 时序图

图 1.3.28 加法扩充计数

(a) 梯形图   (b) 时序图

图 1.3.29 乘法扩充计数

3.2.2 小型自动化系统中常用的应用指令

小型自动化系统通常是指以 PLC 为控制核心，以变频器、步进电动机驱动器、伺服电动机驱动器等设备为驱动，以异步电动机、步进电动机、伺服电动机等设备为执行机构的自动化设备综合应用系统。在 PLC 驱动上述设备时，通常需要用到 PWM、PLSY 等应用指令。下面简单介绍一些常用的指令。

1. 高速脉冲处理指令

1) 脉冲输出指令

脉冲输出指令(PLSY)用于输出指定数量和频率的脉冲，其功能和动作说明如图 1.3.30 所示。指令中，源操作数[S1]指定脉冲频率(1～32 767) Hz，[S2]指定脉冲的个数，脉冲数范围为 1～32 767。32 位指令 DPLSY 的脉冲数范围为 1～2 147 483 647，脉冲频率允许设定范围是(1～200) kHz。若指定脉冲数为 0，则持续产生脉冲。目标操作数[D]用来指定脉冲输出元件，只能用晶体管输出型 PLC 的 Y0 或 Y1，使用电压范围是(5～24) V，使用电流范围是(10～100) mA。脉冲的占空比为 50%，以中断方式输出，不受扫描周期的影响。指定脉冲数输出完成后，指令执行完成标志 M8029 置"1"。

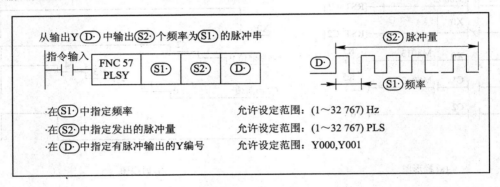

图 1.3.30 PLSY 指令功能和动作说明

如图 1.3.31 所示是用 PLSY 指令输出频率为 2 kHz 的脉冲，脉冲个数取决于寄存器 D0 中的数值。当 X0 由"OFF"变为"ON"时，Y0 开始输出脉冲，D0 中指定的脉冲数发送完毕后，M8029 置"1"；当 X0 由"ON"变为"OFF"时，M8029 复位。在脉冲发送期间，若 X0 由"ON"变为"OFF"，Y0 立即停止脉冲输出，当 X0 再次变为"ON"时，脉冲将从最初开始输出。特殊辅助继电器 M8349、M8359 置位会立即停止 Y0 和 Y1 的脉冲输出。从 Y0 或 Y1 发出的脉冲数可以从特殊寄存器 D8141、D8140(Y0)或 D8151、D8150(Y1) 中读取，从 D8137、D8136 则可以读取 Y0、Y1 输出脉冲之和。

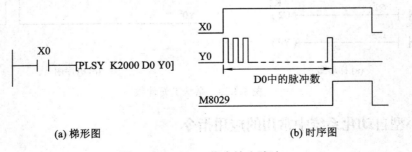

(a) 梯形图　　　　　　　　　　　　　　　　(b) 时序图

图 1.3.31 PLSY 指令输出脉冲

2) 脉宽调制指令

脉宽调制指令(PWM)用于输出指定脉宽和周期的脉冲，其功能和动作说明如图 1.3.32 所示。指令中，[S1]用来指定脉冲宽度($t = (1\sim32\ 767)$ ms)，[S2]用来指定脉冲周期($T_0 = (1\sim 32\ 767)$ ms)，[S1]必须小于[S2]，[D]用来指定输出脉冲的元件号(基本单元的晶体管输出 Y0、Y1、Y2 或高速输出特殊适配器 Y0、Y1、Y2、Y3)。注意，PWM 指令与 PLSY 指令在程序中对同一个输出点都只能使用 1 次。

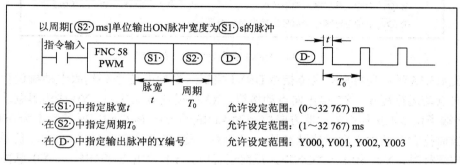

图 1.3.32　PWM 指令功能和动作说明

2. 定位指令

1) 原点回归指令

原点回归指令(ZRN)主要用于上电时和初始运行时，搜索和记录原点的位置。ZRN 指令的功能和动作说明如图 1.3.33 所示。该指令要求提供一个近点信号[S3]，原点回归动作从近点信号的前端开始，以指定的原点回归速度[S1]向负方向移动；当近点信号由"OFF"变为"ON"时，减速至爬行速度[S2]；最后，当近点信号由"ON"变为"OFF"时，[D]指定的脉冲输出点停止输出脉冲，当前值寄存器 D8340(脉冲从 Y0 输出时)清零。

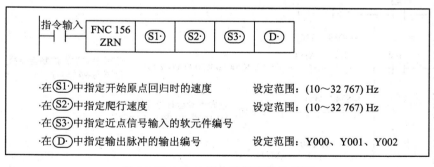

图 1.3.33　ZRN 指令功能和动作说明

2) 相对定位指令

相对定位指令(DRVI)是以相对驱动方式执行单速定位的指令，用带正/负的符号指定从当前位置开始的移动距离，也称为增量驱动方式。DRVI 指令的功能和动作说明如图 1.3.34 所示。[S1]用来指定输出脉冲数，16 位指令的设定范围是$-32\ 768\sim 32\ 767$(0 除外)；[S2]用来指定脉冲频率，16 位指令的设定范围是$(10\sim 32\ 767)$ Hz；[D1]用来指定输出脉冲的元件号(基本单元的晶体管输出 Y0、Y1、Y2 或高速输出特殊适配器 Y0、Y1、Y2、Y3)；[D2]用来指定旋转方向的输出元件号。

指令输入
FNC 158
DRVI
S1·
S2·
D1·
D2·

·在S1·中指定输出脉冲数(相对地址)　　设定范围：－32 768～＋32 767

·在S2·中指定输出频率　　设定范围：(10～32 767) Hz

·在D1·中指定输出脉冲的输出编号　　设定范围：Y000、Y001、Y002

·在D2·中指定旋转方向信号的输出对象编号

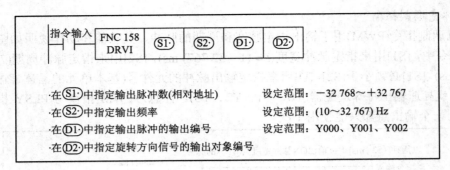

图 1.3.34　DRVI 指令功能和动作说明

如图 1.3.35 所示是用相对定位指令 DRVI 控制三菱 MR-J2 系列伺服电动机运行程序中的正反向点动运行程序。X2 接正向点动按钮，X3 接反向点动按钮，Y0 接伺服驱动器脉冲输入(PP 端子)，Y4 接伺服驱动器方向控制输入(NP 端子)。PLC 输出脉冲频率为 3000 Hz，设定从当前位置开始的正向输出脉冲数为 30000，反向输出脉冲数为−30000，负号表示反向。正向运行时，Y4 输出点“ON”；反向运行时，Y4 输出点“OFF”。Y0 脉冲输出由特殊辅助继电器 M8340 监控，脉冲输出过程中，M8340 为“ON”(BUSY)，当脉冲输出停止时，M8340 为“OFF”(READY)。Y0 输出脉冲的当前值存放在寄存器 D8341、D8340 中。当脉冲从 Y1 输出时，由 M8350 监控 BUSY/READY 状态，寄存器 D8343、D8342 存放脉冲输出当前值。辅助继电器 M8029 的用法与上述 PLSY 指令一致。为防止同时驱动定位指令，辅助继电器 M51 接通一个扫描周期，可将指令的驱动时间延迟一个扫描周期。

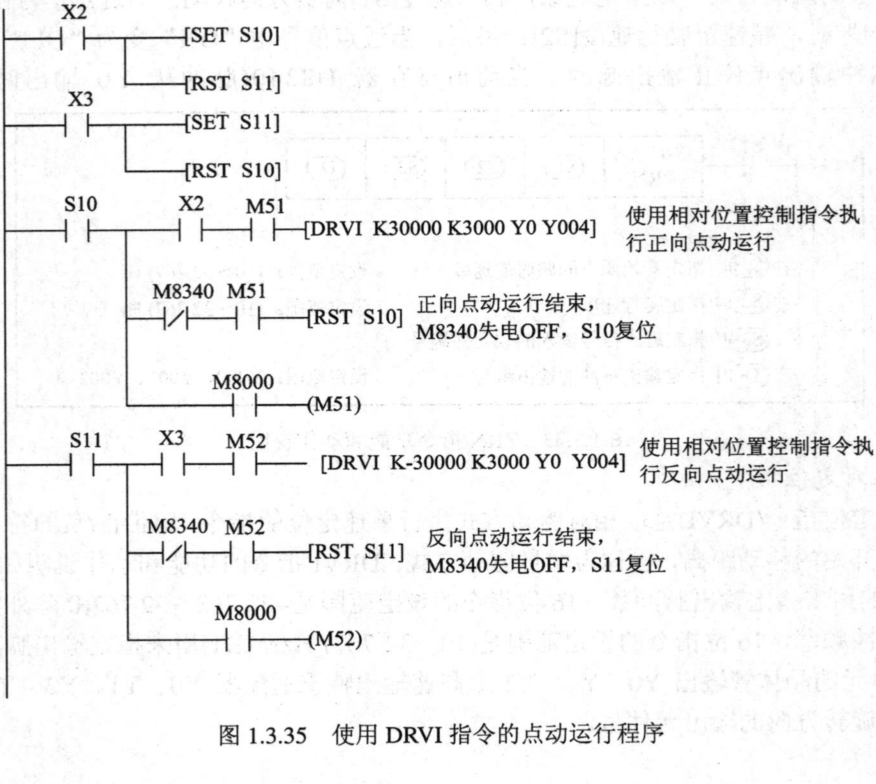

X2
[SET S10]
[RST S11]
X3
[SET S11]
[RST S10]
S10
X2
M51
[DRVI K30000 K3000 Y0 Y004]
使用相对位置控制指令执行正向点动运行
M8340
M51
[RST S10]
正向点动运行结束，M8340失电OFF，S10复位
M8000
(M51)
S11
X3
M52
[DRVI K-30000 K3000 Y0 Y004]
使用相对位置控制指令执行反向点动运行
M8340
M52
[RST S11]
反向点动运行结束，M8340失电OFF，S11复位
M8000
(M52)

图 1.3.35　使用 DRVI 指令的点动运行程序

3) 绝对定位指令

绝对定位指令(DRVA)是以绝对驱动方式执行单速定位的指令，它指定从原点(零点)开始的移动距离，也称为绝对驱动方式。DRVA 指令的功能和动作说明如图 1.3.36 所示。与相对定位指令 DRVI 不同的是，[S1]用来指定的输出脉冲数是从原点开始的脉冲数。原点位置是指在 DRVA 指令执行前特殊辅助寄存器 D8340 中的值，实际应用中，可以在机械原点的位置通过 MOV 指令将 D8340 清零，这样原点值就是 0。程序原点和机械原点一致，有利于编程中计算所发出的脉冲数，也可以通过执行原点回归指令 ZRN，在原点回归后使 D8340 中写入 0。

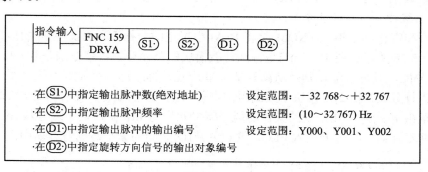

图 1.3.36　DRVI 指令功能和动作说明

如图 1.3.37 所示程序中，X1 为"ON"时将 D8340 清零，X2 由"OFF"变为"ON"后，PLC 以 3000 Hz 的频率发出 25000 个脉冲，方向输出 Y4 为"ON"，电动机正向运行。脉冲输出中，M8340 为"ON"(BUSY)，Y0 输出脉冲的当前值存放在寄存器 D8340 中。脉冲输出完毕，M8340 为"OFF"(READY)，D8340 中的数值为输出的总脉冲 25 000。X2 由"ON"变为"OFF"至少一个扫描周期后，将 X3 变为"ON"，PLC 继续以 3000 Hz 的频率发出脉冲。脉冲数取决于寄存器 D100 中指定的输出脉冲数与 D8340 中的数值之差，若 D100 中指定的脉冲数为 5000，执行 DRVA 指令时 PLC 将输出 20 000 个脉冲，Y4 为"OFF"，电动机反转；若 D100 中指定的脉冲数为 30 000，执行 DRVA 指令时 PLC 将输出 500 个脉冲，Y4 为"ON"，电动机正转。

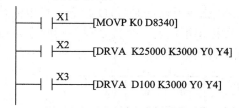

图 1.3.37　DRVA 指令示例程序

3. 模拟量模块读写指令

在工业控制中，某些输入量(例如压力、温度、流量、转速等)是连续变化的模拟量，这些模拟量通常由变送器转换成(0～10) V 或(4～20) mA 的标准信号，PLC 通过模拟量输入模块将标准信号转换成 CPU 可以处理的数字量。当某些设备例如变频器等要求 PLC 输出模拟信号时，由模拟量输出模块将数字量转换成模拟量进行输出。

三菱 FX₃ᵤ 系列 PLC 模拟量模块包括：① 输入模块 FX₃ᵤ-4AD-ADP(12 位数字量输出)、FX₃ᵤ-4AD(带符号的 16 位数字输出)；② 输出模块 FX₃ᵤ-4DA-ADP((0~10) V 电压输出/(0~20) mA、4~20 mA 电流输出)、FX₃ᵤ-4DA((-10~10) V 电压输出/(0~20) mA、(4~20) mA 电流输出)；③ 输入/输出混合模块 FX₃ᵤ-3A-ADP(2 路输入，1 路输出)；④ 温度传感器输入模块 FX₃ᵤ-4AD-PT-ADP(铂热电阻输入)、FX₃ᵤ-4AD-TC-ADP (热电偶输入)。

模拟量模块通过内部数据缓冲寄存器(BFM)与 PLC 的 CPU 进行数据交换，数据缓冲寄存器由 16 位的寄存器组成，编号从 BFM#0 开始，其内容和作用可参见《三菱 FX₃ᵤ 系列 PLC 模拟量编程手册》。通过 FROM 和 TO 指令可以对数据缓冲寄存器的数据进行读写。

1) 数据缓冲寄存器读指令

数据缓冲寄存器读指令(FROM)是将 BFM 中指定的数据读入 PLC 相应的地址中，指令格式如图 1.3.38 所示。图中，[m1]是特殊功能模块的单元号，数值范围是 0~7，单元号由 PLC 自动分配，具体分配规则是从离开基本单元最近的单元开始按照 0 号、1 号、…、7 号的顺序进行分配；[m2]是模块中数据缓冲寄存器 BFM 的编号；[D]是传送对象即目标位置，其数量由 n 指定。该指令的具体功能是将单元号为 m1 的模块中编号从 m2 开始的 n 个数据缓冲寄存器中的数据读入 PLC，并存入从[D]开始的 n 个数据寄存器中。

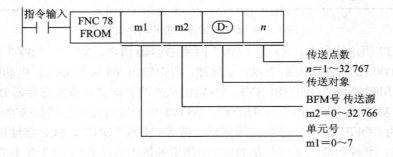

图 1.3.38　FROM 指令格式

2) 数据缓冲寄存器写指令

数据缓冲寄存器写指令(TO)是将数据从 PLC 中写入到数据缓冲寄存器的指令，指令格式如图 1.3.39 所示。与 FROM 指令不同的是，TO 指令中指定的是 PLC 中的传送源[S]。该指令的具体功能是将 PLC 中由[S]指定的 n 个数据写入到编号为 m1 的模拟量模块，并存入从编号 m2 开始的 n 个数据缓冲寄存器中。

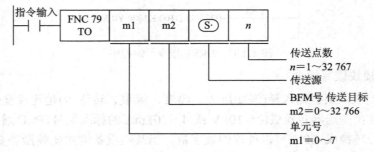

图 1.3.39　TO 指令格式

如图 1.3.40 所示程序中，模拟量输入模块 FX₃ᵤ-4AD 处在 0 号位置，单元编号为 K0。

当初始化脉冲 M8002 为"ON"时，PLC 将常数 H3300 写入模拟量输入模块的 BFM#0，H3300 用来定义各通道的输入模式均为(−10～10) V 的电压输入，数字量输出范围为 −32 000～32 000。延时 5 s 当 T1 状态为"ON"时，PLC 将模拟量模块中从 BFM#10 开始的 4 个缓冲寄存器中的数值(通道 1～4 的数字量)读入 PLC 的寄存器 D0～D3 中。

在三菱 FX$_{3U}$ 系列 PLC 中，FROM/TO 指令可以由 MOV 指令替代，用 MOV 指令编写的程序如图 1.3.41 所示。

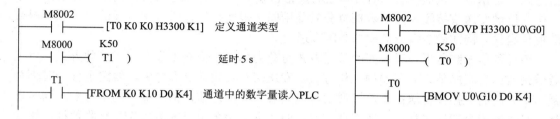

| 图 1.3.40　FROM/TO 指令示例程序 | 图 1.3.41　应用 MOV 指令的 BFM 读写程序 |

3) 模拟量特殊适配器的编程

三菱 FX$_{3U}$ 系列模拟量模块中，模拟量特殊适配器包括 FX$_{3U}$-4AD-ADP、FX$_{3U}$-4DA-ADP 以及 FX$_{3U}$-3A-ADP 三种类型。每台 PLC 最多可连接 4 台模拟量特殊适配器，根据类型的不同，可以实现电压输入、电流输入、电压输出、电流输出。模拟量输入时，通道的 A/D 转换值自动写入 PLC 的特殊寄存器中；模拟量输出时，D/A 转换值则根据 PLC 的特殊寄存器的值进行自动输出。

模拟量特殊适配器编程时，首先通过特殊辅助继电器定义通道的输入/输出模式，然后用 MOV 指令进行读/写即可。例如，用 FX$_{3U}$-3A-ADP 的输入通道 1 输入(4～20) mA 电流，经 A/D 转换后存入 PLC 的寄存器 D100；PLC 内部寄存器 D102 中的数字量经 D/A 转换后从输出通道输出(0～10) V 电压，编写程序如图 1.3.42 所示。

程序中，M8260 为通道 1 的输入模式切换辅助继电器，M8260 的"ON/OFF"状态对应"电流/电压"两种输入模式；M8262 为输出模式切换辅助继电器，其"ON/OFF"状态对应"电流/电压"两种输出模式。D8260 为通道 1 的输入数据寄存器，D8262 为输出通道的数据寄存器。

图 1.3.42　FX$_{3U}$-3A-ADP 的编程

3.3　三菱 FX 系列 PLC 的通信

PLC 的现代应用已经从独立单机控制向数台设备连成的网络发展，也就是把 PLC 和计算机以及其他的智能装置通过传输介质连接起来，以实现迅速、准确、及时的数据通信，从而构成功能强大、性能更好的自动控制系统。

3.3.1　PLC 数据网络的通信方式

当前 PLC 数据网络的主要通信方式是采用异步传送数据的串行通信方式。所谓串行通信方式，是指以二进制的位(bit)为单位的数据传输方式，所传送的数据从低位开始按顺序一位一位地发送或接收。由于数据位分时使用同一根数据线，所以串行通信只需要一根或两根传送线，特别适合多位数据的长距离通信。

串行通信按照信息在设备间的传送方式可分为单工、半双工和全双工三种方式。单工通信是指信息只能单方向传输的工作方式，发送端与接收端是固定的，线路上任一时刻总是一个方向的数据在传送；半双工通信可以实现双向的通信，但不能在两个方向上同时进行，必须轮流交替地进行；全双工通信时，两个通信设备可以同时发送和接收数据，线路上任一时刻可以有两个方向的数据在流动。在 PLC 中常采用半双工和全双工通信方式。

异步传送是一种不需要时钟同步的串行通信方式，允许发送端与接收端有各自的时钟，发送端可以在任何时刻发送数据，相邻数据之间的时间间隔也可以不一样，它是通过在发送的数据前后分别加起始位和停止位来实现收、发同步的，其数据格式如图 1.3.43 所示。

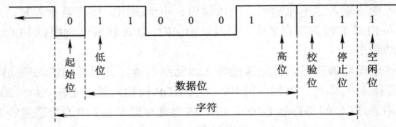

图 1.3.43　串行异步传送数据格式

1. 起始位

在通信线上没有数据传送时，处于高电平状态(逻辑 1)，当发送端要发送数据时，首先发出一个低电平信号(逻辑 0)，这个逻辑低电平即为起始位。

2. 数据位

接收端接收到起始位后，紧接着就会收到数据位，这些数据位被接收到移位寄存器中，构成传送数据字符。数据位可以是 5～8 位，不同系列的 PLC 采用不同的数据位，例如三菱 FX 系列为 7 位，西门子 S7-200 系列为 8 位。

3. 奇偶校验位

数据位发送完以后，发送端将发送奇偶校验位进行数据差错检测。通信双方约定一致的奇偶校验方式，如果选择偶校验，那么组成数据位和奇偶校验位的逻辑 1 的个数必须为偶数；如果选择奇校验，那么组成数据位和奇偶校验位的逻辑 1 的个数必须为奇数。一旦发生奇偶校验错误，数据将被要求重发。

4. 停止位

停止位是一个字符数据的结束标志，接收端接收到停止位后，通信线恢复高电平，直到下一个数据字符的起始位到来。

异步传送是按照上述约定好的数据格式进行数据传送的。PLC 通信网络的软件组态，首先要做的是设置数据格式、传输速率(波特率)，并给网络上的每一个工作站赋予一个唯一的通信地址。

3.3.2 串行通信接口标准

成功地进行数据传送的关键是约定好收、发双方都应遵守的通信协议。通信协议可以从两个方面来理解：一是软件方面，如上所述，收、发双方应遵守相同的信息表达格式，并设定好相同的数据传输速率；二是硬件方面，应规定硬件接线的传输介质、线数、信号电平的表示、可使用的波特率和最大传输距离等接口标准。

1. RS232C 串行通信接口

串行通信具有线路少、成本低的优点，在分布式控制系统中得到了广泛的应用。RS232C 是 1869 年美国电子工业协会(EIA)公布的串行通信接口标准。RS 是推荐标准英文单词 Recommended Standard 的缩写，232 是标识号，C 表示修改的次数。该标准既是一种协议标准，又是一种电气标准，它规定了数据终端设备与数据通信设备之间信息交换的方式与功能。

在电气特性上，RS232C 中任何一条信号线的电压均为负逻辑关系，即逻辑 1 为($-5\sim$ -15) V；逻辑 0 为($+5\sim+15$) V。电气接口采用单端驱动、单端接收电路，能在两个方向上同时发送和接收数据(全双工)，只能进行一对一的通信，波特率为 19 200 b/s、9600 b/s、4800 b/s，最大传输距离为 15 m。

RS232C 可使用 9 针或 25 针的 D 型连接器，最简单的用法中只需要使用其中的 3 条接口线，即"发送数据 TXD""接收数据 RXD"和"信号地 GND"。目前多数 PLC、触摸屏等设备与 PC 之间仍采用 RS232C 标准接口来进行通信。但此通信接口信号电平较高，接口电路芯片易损坏；单端连接的共地传输方式容易产生共模干扰，抗噪声干扰能力差；传输速率较低。

2. RS422A 串行通信接口

RS422A 采用平衡驱动、差分接收的工作方式并使用+5 V 电源。由于接收端是两根传输线上的差分信号输入，其共模干扰信号可以互相抵消，所以抗干扰性能、通信速率和驱动能力都较 RS232C 有较大提高，最大传输速率可达 10 Mb/s，通信距离为($12\sim1200$) m。

RS422A 采用全双工的传输模式，需要 4 根信号线，因而限制了它的应用。在 PLC 的应用中，主要用于 PLC 的编程口，例如 FX 系列 PLC，其编程电缆带有 RS232C/RS422A 转换器，使用时 RS232C 端连接到 PC 串口，RS422A 端连接到 PLC 编程口。

3. RS485 串行通信接口

RS485 是 RS422A 的变形，它的许多电气规定与 RS422A 相仿，不同之处在于 RS485 为半双工通信方式，只需要一对平衡差分信号线，不能同时发送和接收，最少只需两根连线。

在电气特性上，RS485 的逻辑 1 以两线间的电压差($+2\sim+6$) V 表示，逻辑 0 以两线间的电压差($-2\sim-6$) V 表示。其接口信号电平比 RS232C 低，不易损坏接口电路的芯片。

RS485 接口由于具有信号线少、良好的抗噪声干扰性、高传输速率(10 Mb/s)、长传输距离(1200 m)和多站能力(128 站)等优点而成为串行接口的首选，在工业控制领域中得到了广泛应用。

3.3.3 FX 系列 PLC 的通信网络

FX 系列 PLC 支持以下五种类型的通信：N:N 网络、并行链接、计算机链接、无协议通信(用 RS 指令进行数据传输)、可选编程口通信。其中，N:N 网络建立在 RS485 通信接口标准上，网络中以一台 PLC 为主站，其他 PLC 为从站，网络中站点总数不超过 8 个。网络的通信协议是固定的：半双工通信、波特率 38 400 b/s、数据长度 7 位、偶校验、停止位1 位。

1. N:N 通信网络搭建

FX 系列 PLC 除编程口以外没有内置的通信口，因此需要在特殊功能扩展卡接口处插入 RS485 通信接口板扩展其通信功能。FX$_{3U}$ 系列 PLC 接口板型号为 FX$_{3U}$-485-BD，其外观、LED 显示/端子排列以及安装方法如图 1.3.44 所示，通信系统接线如图 1.3.45 所示。

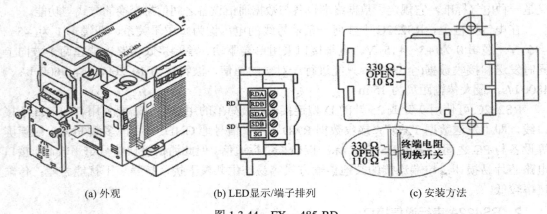

(a) 外观   (b) LED显示/端子排列   (c) 安装方法

图 1.3.44 FX$_{3U}$-485-BD

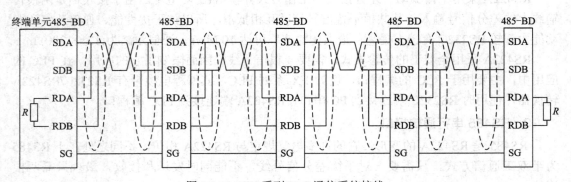

图 1.3.45 FX 系列 PLC 通信系统接线

搭建 N:N 通信网络时，需要关闭 PLC 电源，并按照以下步骤进行安装：

(1) 在各站 PLC 特殊功能扩展卡接口处插上 485-BD 通信板。

(2) 用屏蔽双绞线连接各站点的 485-BD 通信板。连接时应注意：通信板带有终端电阻切换开关，非终端站点拨到"OPEN"位置，终端站点拨到"330Ω"或"110Ω"位置；端子 SG 应连接到 PLC 主体接地端子(主体用 100 Ω 或更小的电阻接地)；屏蔽双绞线线径应在英制 AWG26-16 范围内，端子制作应使用压接工具压接，如果连接不稳定通信就会出错。

(3) 完成网络连接后接通电源。如果网络中各站点 PLC 已经完成网络参数设置，则通信板上的 SD LED 和 RD LED 将呈交替点亮/熄灭的闪烁状态，表示 N:N 通信网络搭建成功。

2．N:N 通信网络组态

FX 系列 PLC 通过编程设置网络参数的方式实现 N:N 通信网络组建。与 N:N 网络组建相关的标志位(特殊辅助继电器)、存储网络参数和网络状态的特殊数据寄存器分别如表 1.3.1 和表 1.3.2 所示。

表 1.3.1　N:N 网络特殊辅助继电器

特性	辅助继电器	名　称	描　　述	响应类型
R	M8038	参数设定	设定通信参数的标志位	M, L
W/R	M8179	通道设定	设定要使用的通信口通道(使用 FX$_{3U}$ 时)	M, L
R	M8063	串行通信错误 1 (通道 1)	使用通道 1 的串行通信中出现异常时 ON	M, L
R	M8438	串行通信错误 2 (通道 2)	使用通道 2 的串行通道中出现异常时 ON(使用 FX$_{3U}$ 时)	M, L
R	M8183	主站点通信错误	主站中发生数据传送序列异常时 ON	L
R	M8184～M8190	从站点通信错误	各从站中发生数据传送序列异常时 ON(无法检测到本(从)站数据传送序列是否错误)	M, L
R	M8191	数据传送序列	执行数据传送时 ON	M, L

注：R—只读；W—只写；M—主站点；L—从站点

表 1.3.2　N:N 网络特殊数据寄存器

特性	数据寄存器	名　称	描　　述	响应类型
R	D8173	站点号设定状态	确认自身站点号	M, L
R	D8174	通信从站总数	确认从站台数	M, L
R	D8175	刷新范围	确认刷新范围	M, L
R	D8063	串行通信错误代码 1 (通道 1)	保存通道 1 的串行通信错误代码	M, L
R	D8438	串行通信错误代码 2 (通道 2)	保存通道 2 的串行通道错误代码(使用 FX$_{3U}$ 时)	M, L
W/R	D8176	站点号设定	用于设定站号	M, L
W/R	D8177	从站总数设定	用于设定进行通信的从站总数	M
W/R	D8178	刷新范围设定	用于设定刷新范围(0～2)	M
W/R	D8179	重试次数设定	用于设定重试次数	M
W/R	D8180	监视时间设定	用于设定无响应监视时间	M

特性	数据寄存器	名　称	描　述	响应类型
R	D8201	当前网络扫描时间	存储网络循环时间的当前值	M
R	D8202	最大网络扫描时间	存储最大网络循环时间	M
R	D8203	主站通信错误数目	存储主站通信错误数目	L
R	D8204～D8210	从站通信错误数目	存储各从站通信错误数目(无法检测出本(从)站数据传送序列是否错误)	M, L
R	D8211	主站通信错误代码	存储主站通信错误代码	L
R	D8212～D8218	从站通信错误代码	存储各从站通信错误代码(无法检测出本(从)站数据传送序列是否错误)	M, L

注：R—只读；W—只写；M—主站点；L—从站点

在表 1.3.1 中，特殊辅助继电器 M8038 用来设置 N:N 网络参数。对于主站点，用编程方法设置网络参数，就是在程序开始的第 0 步向特殊数据寄存器 D8176～D8180 写入相应的参数。注意，该程序段必须确保从第 0 步开始用 M8038(驱动触点)编写，程序段不需要执行，在编入此位置时自动变为有效。对于从站点，则更为简单，只须在第 0 步向 D8176 写入站点号即可。主站点和从站点的网络参数设置程序分别如图 1.3.46 和图 1.3.47 所示。

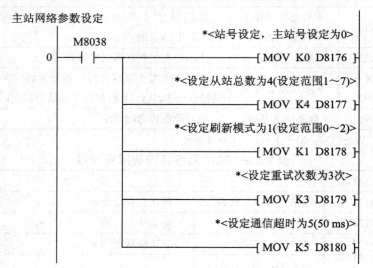

图 1.3.46　主站网络参数设定程序

图 1.3.47　从站网络参数设定程序

N:N 通信网络采用广播方式进行通信。网络中每一个站点 PLC 的内存都有一个由特殊辅助继电器和特殊数据寄存器组成的链接存储区，各个站点链接存储区地址编号都是相同的。各站点向各自链接存储区中规定的数据发送区写入数据，网络上任何一台 PLC 中的发送区的状态都会反映给网络中的其他多台 PLC，因此，数据可供链接起来的所有 PLC 共享，且所有单元的数据都能同时完成更新。表 1.3.2 中的特殊数据寄存器 D8178 用作设置刷新模式，不同的刷新模式下所共享的位元件和字元件数量不同，具体如表 1.3.3 所示。相应的各站点共享的位元件和字元件编号见表 1.3.4～表 1.3.6。

表 1.3.3　N:N 网络刷新模式

通信元件	刷新范围		
	模式 0	模式 1	模式 2
位元件(M)	0 点	32 点	64 点
字元件(D)	4 点	4 点	8 点

表 1.3.4　模式 0 共享软元件编号

站点号	软元件		站点号	软元件	
	位元件(M)	字元件(D)		位元件(M)	字元件(D)
	0 点	4 点		0 点	4 点
0#	—	D0～D3	4#	—	D40～D43
1#	—	D10～D13	5#	—	D50～D53
2#	—	D20～D23	6#	—	D60～D63
3#	—	D30～D33	7#	—	D70～D73

表 1.3.5　模式 1 共享软元件编号

站点号	软元件		站点号	软元件	
	位元件(M)	字元件(D)		位元件(M)	字元件(D)
	32 点	4 点		32 点	4 点
0#	M1000～M1031	D0～D3	4#	M1256～M1287	D40～D43
1#	M1064～M1095	D10～D13	5#	M1320～M1351	D50～D53
2#	M1128～M1159	D20～D23	6#	M1384～M1415	D60～D63
3#	M1192～M1223	D30～D33	7#	M1448～M1479	D70～D73

表 1.3.6　模式 2 共享软元件编号

站点号	软元件		站点号	软元件	
	位元件(M)	字元件(D)		位元件(M)	字元件(D)
	64 点	8 点		64 点	8 点
0#	M1000～M1063	D0～D7	4#	M1256～M1319	D40～D47
1#	M1064～M1127	D10～D17	5#	M1320～M1383	D50～D57
2#	M1128～M1191	D20～D27	6#	M1384～M1447	D60～D67
3#	M1192～M1255	D30～D37	7#	M1448～M1511	D70～D77

图 1.3.46 所示主站网络参数设定程序中，D8178=1，将刷新范围设定为模式 1。在运行时，主站(0 号站)希望发送到网络共享的开关量数据应写入位元件 M1000～M1031 中，数字量数据应写入字元件 D0～D3 中；1 号从站希望发送到网络共享的开关量数据则应写入位元件 M1064～M1095 中，数字量数据应写入字元件 D10～D13 中，其余各站以此类推。

完成网络连接后，根据上述步骤对主站和从站进行通信组态，即可实现 PLC 之间的网络通信。亚龙 YL-335B 生产线的 N:N 通信网络组态详见第二篇项目四相关内容。

📖 思考与练习

1. 分析三菱系列 PLC 和西门子系列 PLC 的输入、输出接口电路有哪些异同点。
2. 分析 NPN 型传感器和 PNP 型传感器在接线方式上有哪些不同。
3. 列举出自动化系统中一些常用的 PLC 应用指令及其应用场合。

基础四 变频器技术应用基础

变频器是一种通过改变电动机工作电源电压幅值和频率的方式来控制交流电动机的电力控制设备。目前普遍使用的变频器是交—直—交变频器，它主要由整流、滤波、逆变、制动单元、控制单元等组成。它通过整流和滤波单元将固定频率和固定电压的交流电变换成直流电，再由逆变单元将直流电逆变成交流电。变频器靠内部逆变单元的电子开关如IGBT的通、断来调整输出侧的电压和频率，根据电动机的实际需要来提供其所需要的电源电压，以达到节能、调速的目的。

4.1 变频器的主电路与控制电路接口

4.1.1 变频器的主电路

熟悉变频器的主电路有助于技术人员安装、调试和维修变频器。不同品牌通用变频器的主电路基本相同，一般均采用如图1.4.1所示的交—直—交电压源型电路。

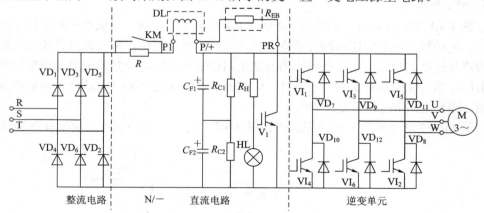

图 1.4.1 通用变频器的主电路

1. 整流滤波电路

图1.4.1中，电力二极管 $VD_1 \sim VD_6$ 构成不可控三相全波整流电路，将变频器电源侧的交流电整流成脉动直流电。C_{F1}、C_{F2} 为滤波电容器组，用来平滑整流后的脉动直流电压。由于脉动直流电电压峰值较高，超过了单个滤波电容的耐压值，因此使用两组滤波电容串联分压。为避免由于电解电容的容量分散性造成的分压不均，在 C_{F1}、C_{F2} 两端各并联一个

阻值相等的大电阻 R_{C1}、R_{C2} 组成均压电路。

在变频器接通电源的瞬间，滤波电容 C_{F1}、C_{F2} 相当于短路，电路中将产生瞬间冲击电流，该电流流经整流桥和滤波电容时会造成电路损坏。为此，在电路中接入限流电阻 R 以将充电电流限制在较小的范围之内，但是，如果限流电阻 R 长时间接在电路中，不仅会导致直流输出电压下降，也会使电路的损耗增大。早期的通用变频器采用接触器 KM 作为短路器件，在电容充电达到一定的程度后将限流电阻 R 短路，目前一般采用可控硅(SCR)或大功率晶体管(GTR)作为短路器件。

此外，由于滤波电容 C_{F1}、C_{F2} 的电容量较大，切断电源后的放电时间一般较长，容易对人身安全构成威胁。因此，可以由指示灯 HL 和电阻 R_H 来对直流电压进行指示，变频器停止运行后，操作者如观察到指示灯 HL 熄灭，则可以断定 C_F 基本放电结束，即可安全进行主回路端子接线的拆卸，或进行变频器维修等工作。

变频器主电路端子 P1、N/-为变频器直流母线的两个引出端，380 V 三相变频器正常运行时，P1、N/-端直流电压约为 513 V。当该电压小于某一值时，变频器会出现欠压故障显示。直流电抗器 DL 用于提高变频器的功率因数，由于变频器出厂时的标准配置不含直流电抗器，因此出厂时主回路端子 P1、P/+一般用短接片进行短接。

2. 逆变电路

变频器中的逆变电路是由全控开关器件(多采用 IGBT)$VI_1 \sim VI_6$ 构成的逆变桥，其功能是把直流电转换为频率、电压可调的交流电。图 1.4.1 中，在每个 IGBT 旁边都反向并联一个快恢复二极管，作用是为电动机负载向直流侧反馈能量提供通道。此外，异步电动机是感性负载，其电流在相位上滞后于电压一个电角度，二极管 VD 也是使负载电流连续流通的通道，即具有续流作用。

3. 制动电路

在图 1.4.1 中，全控开关器件 V_1 及电阻 R_{EB} 组成制动电路。当电动机处于再生制动状态时，由电动机产生的电能将经过续流二极管对滤波电容充电，从而造成直流母线电压升高。为避免过高的母线电压导致整流和逆变电路的器件损坏，变频器中通过控制电路检测母线电压，当母线电压升高到一定值时，V_1 导通，电容通过电阻 R_{EB} 放电，释放多余的再生电能，因此电阻 R_{EB} 称为制动电阻。

三菱 FR-E700 变频器主电路接线图如图 1.4.2 所示。在该电路中，交流接触器 MC 用

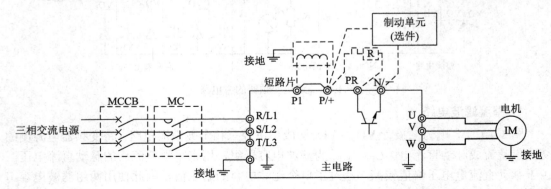

图 1.4.2　三菱变频器主电路接线图

于变频器安全保护，注意不要通过此交流接触器来启动或停止变频器，否则可能降低变频器的寿命。此外，需要特别注意的是，在进行主电路接线时，应确保输入、输出端不能接错，即电源线必须连接至 R/L1、S/L2、T/L3，绝对不能接 U、V、W，否则会损坏变频器。

4.1.2　变频器的控制电路接口

变频器的内部控制电路主要由运算电路、电压/电流检测电路、驱动电路、速度检测电路、保护电路以及控制电路接口等几个部分组成。在自动控制系统中，变频器及其电动机是作为执行单元或器件使用的，它与外部主控制器(如 PLC、控制计算机等)需通过其控制电路接口进行信号连接。控制电路接口按信号类型分为开关量输入、输出电路和模拟量输入、输出电路两种。

1. 开关量输入、输出电路

开关量输入电路用于变频器的运行控制。变频器的开关量输入有漏型(SINK)输入和源型(SOURCE)输入两种方式，可以根据需要进行切换。漏型输入时，输入电流由变频器内部向外部"泄露"时信号为"ON"；源型输入时，由外部电源或变频器的+24 V 端提供接口驱动电源，电流向变频器内部流入时信号为"ON"。漏型和源型输入接口电路分别如图 1.4.3 和图 1.4.4 所示。开关量输入信号接口电路中采用双向光电隔离措施，同时还设计有 RC 滤波电路以消除干扰，因此变频器对信号的响应一般有 10 ms 的延时。

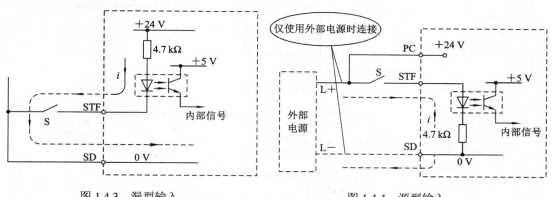

图 1.4.3　漏型输入　　　　　　　　　　　　图 1.4.4　源型输入

开关量输出电路用于输出变频器的内部状态，有继电器触点输出与直流晶体管输出两种类型。继电器触点输出是一组带有公共端的常开、常闭触点，既可以用于驱动交流负载，也可以用于驱动直流负载。在开关频率高、负载重或承受冲击电流时，继电器触点寿命将显著降低，因此，通常不宜用来直接驱动电磁阀、制动器等大电流负载。直流晶体管输出的驱动能力小于继电器触点输出，三菱 FR 系列变频器晶体管允许的最大负载电流为 0.1 A。

2. 模拟量输入、输出电路

变频器的运行频率可以由(0～5) V DC、(0～10) V DC 电压信号或(4～20) mA DC 电流信号进行设定。由于(4～20) mA 电流信号的抗干扰能力更强，在工程应用中信号线较长的情况下，一般采用电流信号设定变频器频率。

模拟量输出一般用于连接显示仪表，通过变频器的参数设定，它可以将变频器内部以数字量形式表示的数据(如输出频率、输出电流等)，经过 D/A 转换后变成(0~10) V DC 的模拟电压信号或(0~20) mA DC 的电流输出到外部。

如图 1.4.5 所示是三菱 FR-E700 变频器控制电路相应的端子及其基本接线图，其输入端子相应的功能说明见表 1.4.1。

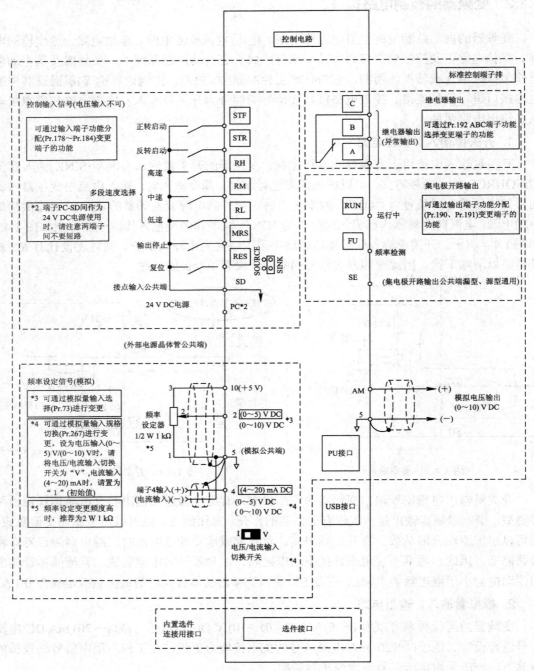

图 1.4.5　三菱 FR-E700 变频器控制电路接线端子及其接线图

表 1.4.1　控制电路输入端子功能说明

种类	端子编号	端子名称	端子功能说明	
接点输入	STF	正转启动	STF 信号"ON"时正转、"OFF"时停止	STF、STR 信号同时为"ON"时变成停止命令
	STR	反转启动	STR 信号"ON"时反转、"OFF"时停止	
	RH、RM、RL	多段速度选择	RH、RM、RL 信号的组合选择多段速度	
	MRS	输出停止	MRS 信号"ON"(20 ms 或以上)时,变频器输出停止,用电磁制动器停止电动机时用于断开变频器输出	
	RES	复位	用于解除保护电路动作时的报警输出,RES 信号应保持"ON"状态 0.1 s 或以上,然后断开;初始设定为始终可进行复位,但进行了 Pr.75 的设定后,仅在变频器报警发生时可进行复位,复位时间约 1 s	
	SD	接点输入公共端(漏型)(初始设定)	接点输入端子(漏型逻辑)的公共端子	
		外部晶体管公共端(源型)	源型逻辑连接晶体管输出(即集电极开路输出),例如 PLC 时,将晶体管输出用的外部电源公共端接到该端子,可防止因漏电引起的误动作	
		24 V DC 电源公共端	24 V DC 0.1 A 电源(端子 PC)的公共输出端子,与端子 5 及端子 SE 绝缘	
	PC	外部晶体管公共端(漏型)(初始设定)	漏型逻辑连接晶体管输出(即集电极开路输出),例如 PLC 时,将晶体管输出用的外部电源公共端接到该端子,可防止因漏电引起的误动作	
		接点输入公共端(源型)	接点输入端子(源型逻辑)的公共端子	
		24 V DC 电源	可作为 24 V DC、0.1 A 的电源使用	
频率设定	10	频率设定用电源	作为外接频率设定(速度设定)用电位器时的电源使用,输出电压为 5 V,允许负载电流 10 mA(按照 Pr.73 模拟量输入选择)	
	2	频率设定(电压)	如果输入(0~5) V DC(或(0~10) V),在 5 V(10 V)时为最大输出频率,输入、输出成正比。通过 Pr.73 进行(0~5) V DC(初始设定)和(0~10) V DC 输入的切换操作	
	4	频率设定(电流)	若输入(4~20) mA DC,在 20 mA 时为最大输出频率,输入、输出成正比。只有 AU 信号为"ON"时,端子 4 的输入信号才会有效(端子 2 的输入将无效)。通过 Pr.267 进行(4~20) mA(初始设定)和(0~5) V DC、(0~10) V DC 输入的切换操作。电压输入时,需将电压/电流输入切换开关切换至"V"	
	5	频率设定公共端	频率设定信号(端子 2 或 4)及端子 AM 的公共端子。勿接地	

4.2 变频器的参数设置

变频器内部参数众多，不同变频器的表现形式也各不相同。有些变频器直接以数字形式表示，有些变频器利用英文缩写表示，仅有不多的几种变频器参数采用中文界面表示。因此，在使用变频器前应仔细阅读变频器的使用说明书，并知晓各参数的含义方能进行正确的参数设置。

4.2.1 变频器的操作面板

为了能够按使用现场的要求合理设置变频器参数，首先要熟悉它的面板显示和键盘操作单元。三菱 FR-E700 系列变频器的参数设置，通常利用固定在其上的操作面板(FR-PA07)实现，也可以使用连接到变频器 PU 接口的参数单元(FR-PU07)实现。使用操作面板可以进行运行方式的选择、频率的设定、运行指令监视、参数设定、错误表示等。三菱 FR-E700 系列变频器操作面板如图 1.4.6 所示，其上半部为面板显示区，下半部为 M 旋钮和各种按键。

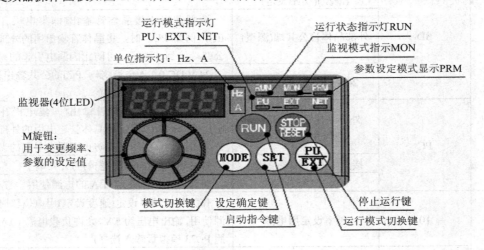

图 1.4.6　三菱 FR-E700 系列变频器的操作面板

该面板各旋钮和按键的功能如下：

(1) M 旋钮：该旋钮用于变更频率、参数的设定值。按下该旋钮可显示监视模式时的设定频率、校正时的当前设定值及报警历史模式时的顺序。

(2) 模式切换键 MODE：用于切换各设定模式。和运行模式切换键(PU/EXT)同时按下可以切换运行模式，长按此键 2 s 可以锁定操作。

(3) 设定确定键 SET：用于各设定的确认。在运行中若按此键，监视器则会出现以下显示。

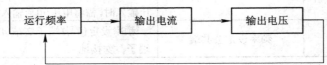

(4) 运行模式切换键 PU/EXT：用于切换 PU/外部运行模式。外部运行模式指通过外接的频率设定旋钮和启动信号启动运行。按此键进入外部运行模式时，表示运行模式的 EXT 处于亮灯状态。需要切换至组合模式时，可同时按 MODE 键 0.5 s，或者变更参数 Pr.79。

(5) 启动指令键 RUN：在 PU 模式下，按此键将启动变频器。通过 Pr.40 的设定，可以选择旋转方向，可实现反向运行。

(6) 停止运行键 STOP/RESET：在 PU 模式下，按此键变频器将停止运转。保护功能(严重故障)生效时，此键也可以进行报警复位。

三菱 FR-E700 系列变频器面板上半部分显示区包括监视器、运行模式指示灯、单位指示灯、运行状态指示灯、监视模式指示和参数设定模式显示，其运行状态显示功能如表 1.4.2 所示。

表 1.4.2　三菱 FR-E700 系列变频器运行状态显示功能

显　示	说　明
运行模式显示	PU：PU 运行模式时灯亮
	EXT：外部运行模式时灯亮
	NET：网络运行模式时灯亮
监视器(4 位 LED)	显示频率、参数编号等
监视数据单位显示	Hz：显示频率时灯亮；A：显示电流时灯亮 (显示电压时熄灯，显示设定频率监控时闪烁)
运行状态显示 RUN	变频器动作中灯亮或者闪烁，其中： 灯亮——正转运行中； 缓慢闪烁(1.4 s 循环)——反转运行中。 下列情况下出现快速闪烁(0.2 s 循环)： • 按键或输入启动指令都无法运行时； • 有启动指令，但频率指令在启动频率以下时； • 输入了 MRS 信号时
参数设定模式显示 PRM	参数设定模式时灯亮
监视器显示 MON	监视模式时灯亮

4.2.2　变频器参数的设置方法

变频器参数的出厂设定值被设置为完成简单的变速运行。如需按照负载和操作要求设定参数，则应进入参数设定模式，先选定参数号，然后再设置其参数值。设定参数分两种情况：一种是在停机"STOP"方式下重新设定参数，这时可设定所有参数；另一种是在运行时设定，这时只允许设定部分参数，但是可以核对所有参数号及参数。图 1.4.7 所示是参数设定过程的一个例子，所完成的操作是把参数 Pr.1(上限频率)从出厂设定值 120.0 Hz 变更为 50.0 Hz，假定当前运行模式为外部/PU 切换模式(Pr.79=0)。

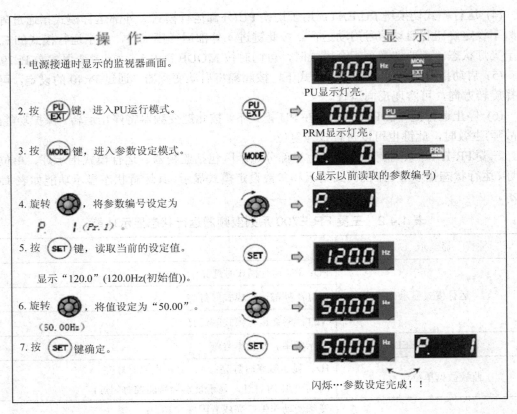

图 1.4.7　变频器的参数设定示例

4.2.3　变频器常用参数的设定

变频器通常有几百个参数，实际使用时，只需根据使用现场的要求设定部分参数，其余参数按出厂设定的即可。下面介绍一些常用参数的设定方法，关于参数设定更详细的说明请参阅相关变频器使用手册。

1. 基准频率、电压(Pr.3、Pr.19、Pr.47)

通用变频器中，压频比参数是一个非常重要的参数，它在不同的变频器中有着不同的表现方式。例如，施耐德 ATV31 型变频器中，该参数以电动机额定电压、额定频率的形式出现，而在安川 G7 变频器中以最大电压与基本频率的形式出现，在三菱 FR-E700 变频器中则以基准电压、基准频率的形式出现。

图 1.4.8 所示是常用变频调速异步电动机的 U/f 曲线。由图可见，当运行频率在 50 Hz以下时，U/f 曲线是一斜率恒定为 380 V/50 Hz 的直线，电动机恒转矩运行；当运行频率大于 50 Hz 时，频率继续上升但电压维持 380 V 不变，此时电动机内部磁通降低，输出转矩下降，表现为恒功率运行。为获得该 U/f 曲线，在对变频器进行参数设定时，其最大频率应设定为 100，基准频率或电动机额定频率应设定为 50 Hz，最大电压与基准电压均设定为 380 V。

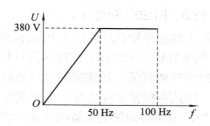

图 1.4.8　变频调速电动机 U/f 曲线

三菱 FR-E700 变频器的基准频率和电压的设定如表 1.4.3 所示。其中，基准频率设定为电动机额定运行频率，在我国设定为 50 Hz。在用 1 台变频器切换 2 种电动机运行的情况下需要变更基准频率时，可由参数 Pr.47 设定第 $2U/f$(基准频率)，第 $2U/f$ 在 RT 信号为"ON"时有效，Pr.178~Pr.184(输入端子功能选择)中的任意一个设定为 3，可以完成对 RT 信号的分配。

表 1.4.3　基准频率和电压的设定

参数编号	名　称	初始值	设定范围	内　容
Pr.3	基准频率	50 Hz	(0~400) Hz	电动机的额定频率(50/60 Hz)
Pr.19	基准频率电压	9999	(0~1000) V	基准电压
			8888	电源电压的 95%
			9999	与电源电压一致
Pr.47	第 $2U/f$(基准频率)	9999	(0~400) Hz	RT 信号为"ON"时的基准频率
			9999	第 $2U/f$ 无效

2. 输出频率范围(Pr.1、Pr.2、Pr.18)

为了限制电动机的速度，应对变频器的输出频率加以限制。用 Pr.1 "上限频率"和 Pr.2 "下限频率"来设定，可将输出频率的上、下限钳位。Pr.1 与 Pr.2 的出厂设定值分别为 120 Hz 和 0 Hz，设定范围均为(0~120) Hz。当希望电动机在 120 Hz 以上运行时，用参数 Pr.18 "高速上限频率"来设定高速输出频率的上限，若设定了 Pr.18，则 Pr.1 自动切换成 Pr.18 的频率。另外，若设定了 Pr.1，则 Pr.18 自动切换成 Pr.1 的频率。Pr.18 的出厂设定值为 120 Hz，设定范围为(120~400) Hz。输出频率和频率设定值的关系如图 1.4.9 所示。图中，频率由(0~5) V 或(0~10) V 或(4~20) mA 来设定。

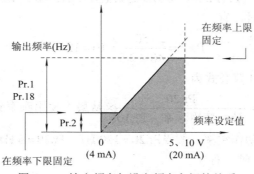

图 1.4.9　输出频率与设定频率之间的关系

3. 加、减速时间(Pr.7、Pr.8、Pr.20、Pr.21)

加速时间是指变频器从停止状态开始启动并加速到加/减速基准频率的时间；减速时间则是指变频器从加/减速基准频率到停止的时间。加速时间对启动电流有着很大的影响，时间越长则启动电流越小，同时生产率越低；加速时间越短则启动电流越大，但可能会因为电流超过上限值而引起跳闸，因此应根据实际情况来设置变频器的加速时间。

三菱 FR-E700 变频器中加、减速时间相关参数的意义及设定范围如表 1.4.4 所示。

表 1.4.4　加、减速时间相关参数的意义及设定范围

参数号	参数意义	出厂设定	设定范围	备　注
Pr.7	加速时间	5 s (3.7 kW 或以下)	(0~3600/360) s	根据 Pr.21 加、减速时间单位的设定值进行设定。初始值的设定范围为(0~3600) s，设定单位为 0.1 s
Pr.8	减速时间	5 s (3.7 kW 或以下)	(0~3600/360) s	
Pr.20	加/减速基准频率	50 Hz	(1~400) Hz	在我国为 50 Hz
Pr.21	加/减速时间单位	0	0/1	0：(0~3600) s；单位为 0.1 s 1：(0~360) s；单位为 0.01 s

加、减速时间与运行频率之间的关系曲线如图 1.4.10 所示。

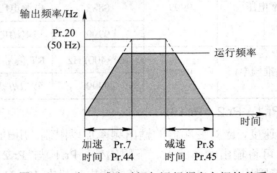

图 1.4.10　加、减速时间与运行频率之间的关系

加速时间设定值的计算公式为

$$加速时间设定值 = \frac{Pr.20}{最大使用频率 - Pr.13} \times 从停止到最大使用频率的加速时间$$

式中，Pr.13 为启动频率，假设 Pr.20 = 50 Hz(初始值)，Pr.13 = 0.5 Hz，从停止到最大使用频率 40 Hz 的加速时间为 10 s 时，有

$$Pr.7 = \frac{50}{40 - 0.5} \times 10 = 12.7 \text{ s}$$

减速时间设定值的计算公式为

$$减速时间设定值 = \frac{Pr.20}{最大使用频率 - Pr.10} \times 从最大使用频率到停止的减速时间$$

式中，Pr.10 为直流制动动作频率，假设 Pr.20 = 120 Hz，Pr.10 = 3 Hz，从最大使用频率 50Hz 到停止的减速时间为 10 s 时，有

$$\text{Pr}.8 = \frac{120}{50-3} \times 10 = 25.5 \text{ s}$$

4. 停止方式

变频器在启动信号由"ON"变为"OFF"以后,可以通过相应的参数设置选择不同的停止方式。三菱变频器的停止方式有减速停止和自由运行停止两种方式,停止时序图如图1.4.11 所示。减速停止时设定 Pr.250 为"9999"或"8888",当启动信号置为"OFF"后变频器按照减速时间的设定进行减速直到停止。自由运行停止时设定 Pr.250 为切断时间,在设定的切断时间变频器以自由运行停止。

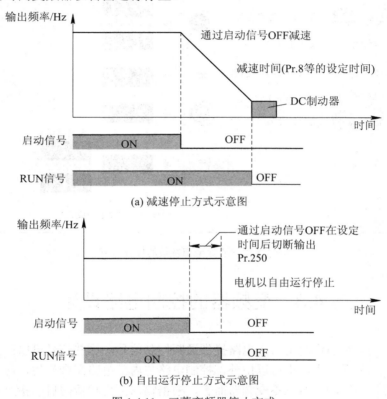

图 1.4.11　三菱变频器停止方式

变频器通过对电动机施加直流制动减速停止时,可以调整停止时间和制动转矩。通过 Pr.10 设定直流制动动作的频率后,若减速时达到这个频率,则会向电动机施加直流电压,施加直流制动的时间通过 Pr.11 来设定。

5. 参数清除

如果用户在参数调试过程中遇到问题,并且希望重新开始调试,可用参数清除操作方法将参数恢复为初始值。三菱 FR-E700 变频器的参数清除操作,需要在参数设定模式(Pr.77 ≠0)下,用 M 旋钮选择参数编号 Pr.CL 和 ALLC,把它们的值均置为"1",操作步骤如图 1.4.12 所示。

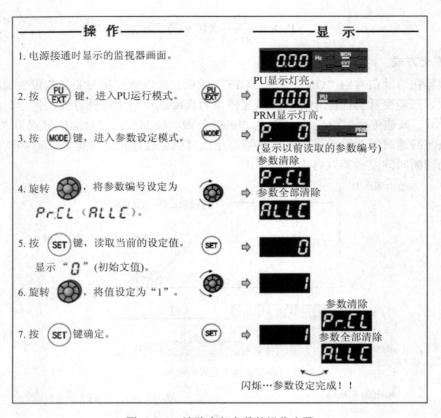

图 1.4.12　清除全部参数的操作步骤

4.3　变频器的控制电路设计

变频器控制电路的作用是为主电路提供通断控制信号，这些信号可以由变频器内部的微处理器和控制单元产生，也可以由外部控制电路与内部电路配合产生，前者称为本机控制，后者称为外部控制。对三菱变频器而言，根据输入到变频器的启动指令和设定频率的命令的不同来源，可以分为四种运行模式：使用控制电路端子，在外部设置电位器和开关控制变频器运行的工作方式是外部运行模式(EXT)；使用操作面板或参数单元输入启动指令、设定频率的是 PU 运行模式；把外部运行和 PU 运行组合起来的是外部/PU 组合运行模式；通过 PU 接口进行 RS485 通信或使用通信选件的是网络运行模式(NET)。在进行变频器操作以前，必须了解各种运行模式，才能进行各项操作。

4.3.1　变频器运行模式的选择

三菱 FR-E700 系列变频器通过参数 Pr.79 的值来指定变频器的运行模式，设定值范围为 0～7，这 7 种运行模式的内容以及相关 LED 指示灯的状态如表 1.4.5 所示。

表 1.4.5 运行模式的选择(Pr.79)

设定值	内　容	LED 显示
0	外部/PU 切换模式,通过 PU/EXT 键可以切换 PU 与外部运行模式。 注意:接通外部电源时为外部运行模式	外部运行模式: PU 运行模式:
1	固定为 PU 运行模式	
2	固定为外部运行模式,可以在外部、网络两种运行模式之间切换	外部运行模式: 网络运行模式:
3	外部/PU 组合运行模式 1	

	频率指令	启动指令	
3	用操作面板或参数单元设定,或外部信号输入(多段速设定,端子 4～5 间(AU 信号 ON 时有效))	外部信号输入(端子 STF\STR)	
4	外部/PU 组合运行模式 2		
	外部信号输入(端子 2、4、JOG、多段速选择等)	通过操作面板的 RUN 键,或通过参数单元的 FWD\REV 键来输入	

设定值	内容	LED 显示
6	切换模式,可以在保持运行状态的同时,进行 PU、外部、网络三种运行模式的切换	PU 运行模式: 外部运行模式: 网络运行模式:
7	外部运行模式(PU 运行互锁): X12 信号"ON"可切换到 PU 运行模式(外部运行中输出停止) X12 信号"OFF"禁止切换到 PU 运行模式	PU 运行模式: 外部运行模式:

*说明:PU 运行互锁信号 X12 所使用的端子,可通过 Pr.178～Pr.184(输入端子功能选择)设定为"12"进行功能分配。

　　变频器出厂时,参数 Pr.79 设定值为 0。当停止运行时,用户可以根据实际需要修改其设定值。修改 Pr.79 设定值的一种方法是:按"MODE"键使变频器进入参数设定模式;旋动"M"旋钮,选择参数 Pr.79,用"SET"键确认;然后再旋动"M"旋钮选择合适的设定值,用"SET"键确认;两次按"MODE"键后,变频器的运行模式将变更为设定的模式。

如图1.4.13所示是通过设定参数Pr.79把变频器从固定外部运行模式变更为组合运行模式1的操作过程。

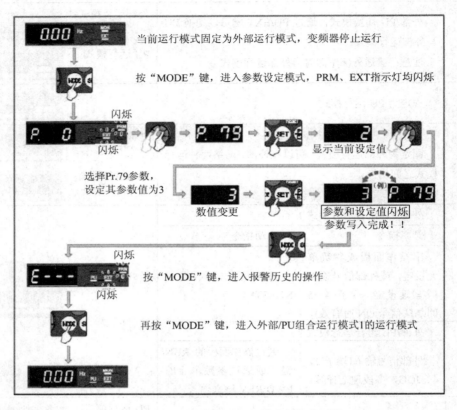

图 1.4.13　改变变频器运行模式的操作过程

4.3.2　变频器的外部控制电路

变频器的外部运行模式和组合运行模式均需进行外部控制电路的接线，即操作运行控制电路和频率给定电路的接线。

1. 操作运行控制电路

变频器在由外部电路控制电动机启停时，一般有 2 线式和 3 线式两种方式。三菱FR-E700 变频器相应的接线如图 1.4.14 和图 1.4.15 所示。

在图 1.4.14 所示 2 线式控制电路中，通过 STF 和 STR 两个端子控制变频器的运行。在方式 1 中，STF 和 STR 均具有启动和停止的功能。合上开关 S1，电动机正转，断开开关 S1，电动机停止；合上开关 S2，电动机反转，断开开关 S2，电动机停止，如果 S1、S2 均处于闭合状态，电动机也会停止。在方式 2 中，STF 信号为启动指令，STR 信号为正转、反转指令。当合上开关 S1，使 STF 信号为"ON"时，若开关 S2 断开则电动机正转，若开关 S2 闭合则电动机反转；在断开开关 S1，使 STF 信号为"OFF"时电动机停止。方式 1和方式 2 通过参数 Pr.250 进行选择设定，该参数的出厂设置是 9999，默认方式 1。

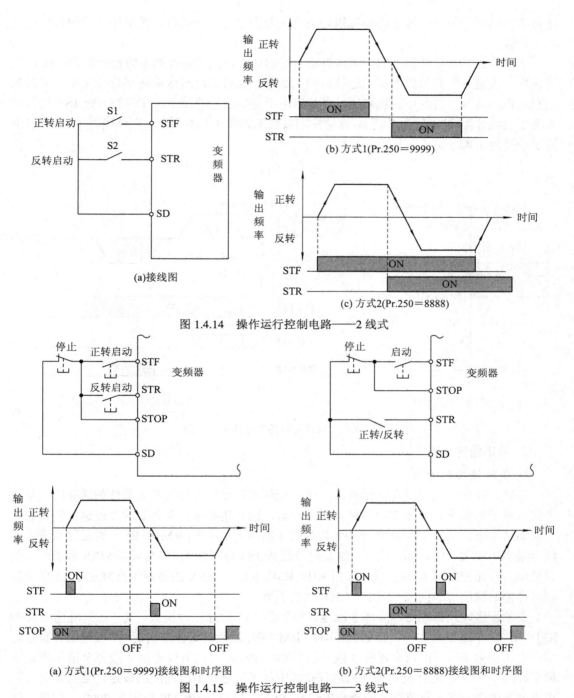

(a)接线图

(b) 方式1(Pr.250＝9999)

(c) 方式2(Pr.250＝8888)

图 1.4.14　操作运行控制电路——2 线式

(a) 方式1(Pr.250＝9999)接线图和时序图　　　(b) 方式2(Pr.250＝8888)接线图和时序图

图 1.4.15　操作运行控制电路——3 线式

　　在图 1.4.15 所示 3 线式控制电路中，通过 STF、STR 和 STOP 三个端子控制变频器的运行，其中，STOP 端由 Pr.178～Pr.184 分配输入端子功能(设定值为"25")。3 线式控制电路也有两种方式，对应的 Pr.250 分别为"9999"和"8888"。方式 1 中，STF 和 STR 分别接常开正、反转启动按钮，STOP 接常闭停止按钮，按下启动按钮电动机运行，断开启动按钮电动机继续运行，只有按下停止按钮时，电动机才会停止运转。方式 2 中，由 STR

选择电机的运行方向，按下启动按钮后电机按照指定的方向运行，按下停止按钮后电动机停止运转。

变频器还具有从外部控制电动机点动运行的功能，点动运行频率的初始值为 5 Hz，在此频率下可进行变频器投入正式运行前的试运行，此时电动机应旋转平稳，无不正常的振动和噪声，具有平滑的增速和减速。变频器用于点动运行的端子由 Pr.178～Pr.184 进行输入端子功能分配(设定值为"5")。点动控制接线图如图 1.4.16 所示，在该电路中，分配 RH 端子功能为 JOG 点动。

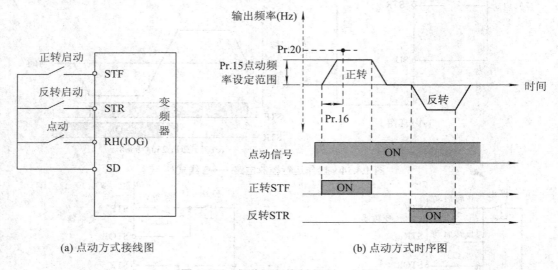

(a) 点动方式接线图　　　　　　　　　　　(b) 点动方式时序图

图 1.4.16　操作运行控制电路——点动

2. 频率给定电路

1) 多段速控制功能

在外部操作模式或组合操作模式 2 下，变频器可以通过外接开关器件的通断组合来改变输入端子的状态，从而实现多种频率的输出，这一功能称为变频器的多段速控制功能。在初始情况下，三菱 FR-E740 变频器的速度控制端子是 RH、RM 和 RL，通过这些开关的组合最多可实现 7 段控制。此外，如果把参数 Pr.183 设置为 8，将变频器 MRS 端子的功能转换成多段速控制端 REX，就可以用 RH、RM、RL 和 REX 的通断组合来实现 15 段速控制。详细的说明可参阅《三菱 FR-E700 使用手册》。

变频器多段速控制可以分成 3 段速、7 段速和 15 段速三种模式。其中，3 段速由 RH、RM、RL 单个通断来实现，7 段速由 RH、RM、RL 通断的组合来实现。7 段速的各自运行频率则由参数 Pr.4～Pr.6(设置前 3 段速的频率)、Pr.24～Pr.27(设置第 4 段速至第 7 段速的频率)设定。在 PU 运行模式和外部运行模式中都可以进行多段速度的设定，运行期间参数值也能被改变。在 3 段速设定的场合(Pr.24～Pr.27、Pr232～Pr.239 设定为 9999)，如果 2 速以上同时被选择时，则低速信号的设定频率应优先。例如，RL 和 RM 同时被接通时，变频器运行 Pr.6 所设定的频率。

7 段速控制对应的控制端状态及参数关系如图 1.4.17 所示。

参数号	出厂设定	设定范围	备注
Pr.4	50 Hz	(0～400) Hz	
Pr.5	30 Hz	(0～400) Hz	
Pr.6	10 Hz	(0～400) Hz	
Pr.24～Pr.27	9999	(0～400) Hz, 9999	9999: 未选择

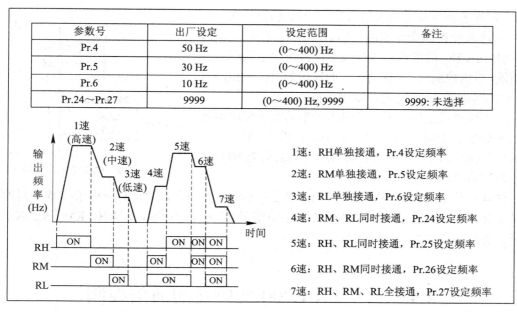

图 1.4.17 7 段速控制对应的控制端状态及参数关系

2) 通过模拟量输入设定频率

设定频率时，除了用 PLC 输出端子控制多段速度设定外，还有连续设定频率的需求。三菱 FR-E700 系列变频器提供 2 个模拟量输入信号端子用作连续变化的频率设定。在出厂设定情况下，只能使用端子 2，端子 4 无效。要使端子 4 有效，必须使 AU 信号为"ON"，AU 信号由 Pr.178～Pr.184 进行输入端子功能分配(设定值为"4")。

使用端子 2 输入模拟量时，模拟量信号可为(0～5) V DC 或(0～10) V DC 的电压信号，接线图如图 1.4.18 所示。5 V DC 的电源既可以使用内部电源输入，也可以使用外部电源输入。由于变频器内部电源在端子 10 和端子 5 间输出 5 V DC，因此在使用 10 V DC 电源时，需使用外部电源输入。电压的输入规格由参数 Pr.73 来设定，其出厂设定值为 1，输入电压指定为(0～5) V DC，不能可逆运行。

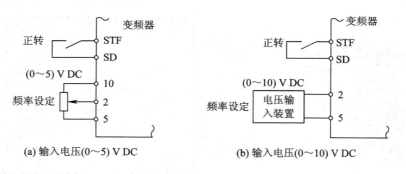

图 1.4.18 从端子 2 输入模拟电压

如果使用端子 4，模拟量信号为电压输入((0～5) V DC、(0～10) V DC)或电流输入((4～20) mA DC 初始值)，用参数 Pr.267 和电压/电流输入切换开关进行设定，并且要输入与设定相符的模拟量信号。若发生切换开关与输入信号不匹配的错误(例如，开关设定为电流输

入 I，但端子输入却为电压信号 U；或反之)时，则会导致外部输入设备或变频器的故障。如图 1.4.19 所示是 $(4\sim20)$ mA DC 的电流输入接线图，在应用于风扇、泵等恒温、恒压控制时，可将调节器的输出信号$(4\sim20)$ mA DC 输入到端子 4～5 之间，以实现自动运行。

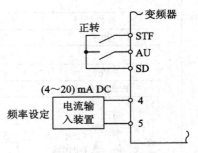

图 1.4.19　电流输入接线图

对于频率设定信号相应的输出频率的大小可用参数 Pr.125(对端子 2)或 Pr.126(对端子 4)进行设定，用于确定输入增益(最大)的频率。它们的出厂设定值均为 50 Hz，设定范围为$(0\sim400)$ Hz。

注意：外部信号频率指令的优先次序是：点动运行→多段速运行→端子 4 模拟量输入→端子 2 模拟量输入。如果要用模拟量输入(端子 2、4)设定频率，则 RH、RM、RL 端子应断开，否则多段速度设定应优先。

4.4　三菱 FR-E700 变频器的通信控制

随着变频器的不断发展和推广应用，越来越多的场合需要对变频器进行网络通信和监控。许多现代通用变频器都具有通信接口，不仅使控制系统的布线更加简洁，而且变频器的控制命令、运行频率命令等均可通过通信的方式给出，从而大大提高系统的控制精度，改善系统的控制性能。

4.4.1　三菱 FR-E700 变频器的通信接口

三菱 FR-E700 变频器的通信接口就是其控制面板集成的 PU 口。计算机或 PLC 通过 PU 口与变频器通信，进行相关参数的设定、通信运行以及监视等操作，所使用的通信协议有 Modbus RTU 通信协议或三菱变频器协议(计算机链路通讯)两种。PU 接口的插针排列如图 1.4.20 所示。

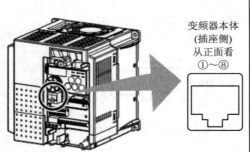

插针编号	名称	内容
①	SG	接地 (与端子5导通)
②	—	参数单元电源
③	RDA	变频器接收＋
④	SDB	变频器发送－
⑤	SDA	变频器发送＋
⑥	RDB	变频器接收－
⑦	SG	接地 (与端子5导通)
⑧	—	参数单元电源

图 1.4.20　PU 接口的插针排列

变频器在与 FX$_{3U}$ 系列 PLC 通信时，需在 PLC 端扩展通信扩展板 FX$_{3U}$-485-BD。通信电缆一端的 RJ45 水晶头插入变频器的 PU 接口，另一端的对应信号接在 FX$_{3U}$-485-BD 扩展板上，具体接法如图 1.4.21 所示。

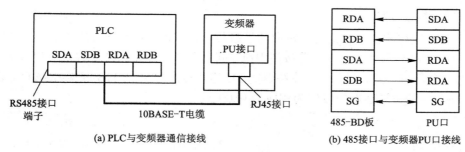

(a) PLC与变频器通信接线　　　　　(b) 485接口与变频器PU口接线

图 1.4.21　PLC 与变频器的通信接线

4.4.2　变频器参数与 PLC 参数设置

1. 变频器参数设置

为了能够实现 PLC 与变频器的通信，首先必须在变频器上进行通信规格的初始设定。如果不进行初始设定或设定不当，将无法进行数据交换。变频器通信参数设置如表 1.4.6 所示。注意，参数设置完毕后，需要将变频器断电重启。

表1.4.6　变频器通信参数设置

参数编号	名　称	初始值	设定范围	内　容	
Pr.117	PU通信站号	0	0~31(三菱变频器协议) 0~247(Modbus-RTU协议)	变频器站号指定 1台控制器连接多台变频器时要设定变频器的站号	
Pr.118	PU通信速率	192	48、96、192、384	通信速率 设定值×100即通信速率 例：设定为192时，通信速率为19 200 b/s	
Pr.119	PU通信停止位长	1	0	停止位长	数据位长
				1 bit	8 bit
			1	2 bit	
			10	1 bit	7 bit
			11	2 bit	
Pr.120	PU通信奇偶校验	2	0	无奇偶校验	
			1	奇校验	
			2	偶校验	
Pr.123	PU通信等待时间设定	9999	0~150 ms	设定向变频器发出数据后信息返回的等待时间	
			9999	用通信数据进行设定	
Pr.124	PU 通 信 有 无 CR/LF选择	1	0	无CR、LF	
			1	有CR	
			2	有CR、LF	
Pr.549	协议选择	0	0	三菱变频器(计算机链接)协议	
			1	Modbus-RTU协议	

2. PLC 参数设置

打开 GX 编程软件，单击目录树中的"参数"，双击"PLC 参数"，打开如图 1.4.22 所示的"FX 参数设置"对话框，并按图中所示进行设置。注意，PLC 参数的设置应与变频器参数的设置保持一致，例如，当变频器的 PU 通信速率参数 Pr.118 设置为 96 时，PLC 的 FX 参数设置中的传送速度应设置为相应的 9600 b/s。

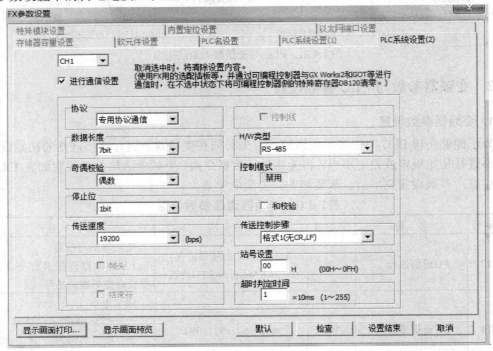

图 1.4.22　PLC 参数设置

4.4.3　变频器专用通信指令

2005 年，在三菱 FX$_{3U}$ 和 FX$_{3UC}$ 系列 PLC 中出现了变频器通信专用指令，如表 1.4.7 所示。使用这 5 条专用指令能直接对三菱 FR-E700 变频器进行数据读写，不需要考虑数据传送及回传地址，不需要考虑码制转换，程序的编写非常简单。

表1.4.7　FX3U系列变频器专用指令

指　　令	功　　能	控制方向
IVCK(FNC 270)	变频器的运行监视	PLC←变频器
IVDR(FNC 271)	变频器的运行控制	PLC→变频器
IVRD(FNC 272)	读出变频器参数	PLC←变频器
IVWR(FNC 273)	写入变频器参数	PLC→变频器
IVBWR(FNC 274)	变频器参数的成批写入	PLC→变频器

1. 变频器的运行监视指令

变频器的运行监视指令(IVCK)格式如图 1.4.23 所示，其功能是根据[S2]中的变频器指令代码的要求，将[S1]中指定站号变频器的运行监视数据读出到[D]所指定的 PLC 寄存器中。源操作数[S2]中指定的变频器的监视指令代码及如功能如表 1.4.8 所示。根据表 1.4.8，指令代码 H6F 表示输出频率，因此图 1.4.23 指令执行时(M0 接通)，PLC 会将站号为 6 号的变频器输出频率读出到其寄存器 D100 中。

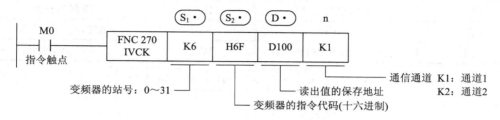

图 1.4.23　IVCK 指令格式

表1.4.8　变频器的监视指令代码(三菱E700系列)

变频器指令代码 (十六进制)	读出内容	变频器指令代码 (十六进制)	读出内容
H7B	运行模式	H75	故障内容
H6F	输出频率	H76	故障内容
H70	输出电流	H77	故障内容
H71	输出电压	H79	变频器状态监控(扩展)
H72	特殊监控	H7A	变频器状态监控
H73	特殊监视的选择号	H6E	读取设定频率(EEPROM)
H74	故障内容	H6D	读取设定频率(RAM)

2. 变频器的运行控制指令

变频器的运行控制(IVDR)指令格式如图 1.4.24 所示，其功能是根据[S2]中变频器指令代码的要求，将[S3]中的控制内容写到[S1]站号的变频器里，以控制变频器的运行。源操作数[S2]中指定的变频器的指令代码及其功能如表 1.4.9 所示。其中，运行指令 HFA 是一个 8 位二进制数，其表示的命令内容如图 1.4.25 所示。根据表 1.4.9，图 1.4.24 所示程序执行时 (M0 接通)，PLC 将对 6 号变频器写入 K2M50 所指定的运行指令(例如正转 H02、反转 H04 等)。

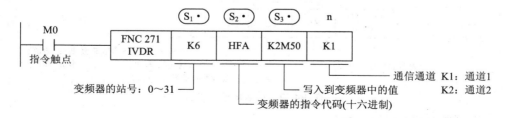

图 1.4.24　IVDR 指令格式

表1.4.9　变频器的运行指令代码(三菱E700系列)

变频器指令代码 (十六进制)	写入内容	变频器指令代码 (十六进制)	写入内容
HFB	运行模式	HED	写入设定频率(RAM)
HF3	特殊监视的选择号	HFD	变频器复位
HFA	运行指令	HF4	故障内容成批清除
HEE	写入设定频率(EEPROM)	HFC	参数全部清除

HFA | b7 | b6 | b5 | b4 | b3 | b2 | b1 | b0 |

b0: AU
b1: 正转指令
b2: 反转指令
b3: RL(低速指令)
b4: RM(中速指令)
b5: RH(高速指令)
b6: RT(第二功能选择)
b7: MRS(输出停止)

图 1.4.25　HFA 运行指令

3. 变频器的参数读取指令

变频器的参数读取(IVRD)指令格式如图 1.4.26 所示,其功能是将[S1]站号变频器的[S2]参数编号中的内容读到[D]指定的 PLC 寄存器中。图 1.4.26 所示指令执行时(M0 接通),PLC 将 6 号变频器的 Pr.7 参数中的内容读入到其寄存器 D150 中。

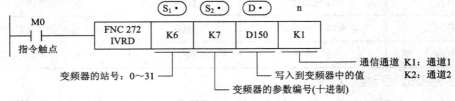

图 1.4.26　IVRD 指令格式

4. 变频器的参数写入指令

变频器的参数写入(IVWR)指令格式如图 1.4.27 所示,其功能是将[S3]指定的 PLC 寄存器的内容写入到[S1]站号变频器的[S2]参数编号中。图 1.4.27 所示指令执行时(M0 接通),PLC 寄存器 D160 中的值将写入 6 号变频器的 Pr.7 参数中。

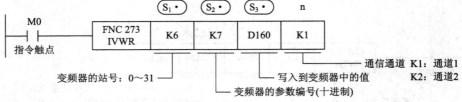

图 1.4.27　IVWR 指令格式

5. 变频器参数成批写入指令

变频器参数成批写入(IVBWR)指令格式如图 1.4.28 所示,其功能是向变频器中成批写入参数值。图 1.4.28 所示指令执行时(M0 接通)，PLC 中以寄存器 D200 为起始地址的连续 16 个寄存器中的值将写入 6 号变频器中指定的 8 个参数中。

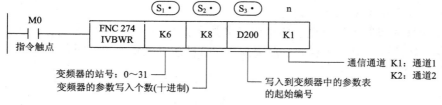

图 1.4.28　IVBWR 指令格式

4.4.4　电动机正反转的变频器通信控制程序

根据图 1.4.21 连接 FX$_{3U}$ 系列 PLC 与 FR-E700 变频器的通信线，按照表 1.4.6 和图 1.4.22 正确设置变频器通信参数以及 PLC 参数(Pr.117=1，设置变频器为 1 号站；Pr.549=0，选择三菱变频器协议；其余参数注意变频器设置与 PLC 参数设置保持一致)。

打开三菱 GX 编程软件，编写电动机正、反转的变频器通信控制程序，如图 1.4.29 所示。

```
         M8002
0        ─┤├────────────────────────────────[ SET M10 ]
         M10                                      *<变频器复位>
2        ─┤├───────────────┬───[ IVDR K1 H0FD H9696 K1 ]
                            │                    *<网络运行模式>
                            ├───[ IVDR K1 H0FB H0 K1 ]
              M8029         │
              ─┤├───────────┴───────────────────[ RST M10 ]
         X000
23       ─┤↑├───────────────────────────────────[ SET M0 ]
         正转启动
         M0                                      *<正转运行>
26       ─┤├───────────────┬───[ IVDR K1 H0FA H2 K1 ]
                            │                *<正转运行频率25 Hz>
                            ├───[ IVDR K1 H0ED K2500 K1 ]
              M8029         │
              ─┤├───────────┴───────────────────[ RST M0 ]
         X001
47       ─┤↑├───────────────────────────────────[ SET M1 ]
         反转启动
         M1                                      *<反转运行>
50       ─┤├───────────────┬───[ IVDR K1 H0FA H4 K1 ]
                            │                *<反转运行频率35 Hz>
                            ├───[ IVDR K1 H0ED K3500 K1 ]
              M8029         │
              ─┤├───────────┴───────────────────[ RST M1 ]
         X002
71       ─┤↑├───────────────────────────────────[ SET M2 ]
         停止
         M2                                      *<停止运行>
74       ─┤├───────────────┬───[ IVDR K1 H0FA H0 K1 ]
              M8029         │
              ─┤├───────────┴───────────────────[ RST M2 ]
```

图 1.4.29　电动机正反转的变频器通信控制程序

1. 怎样恢复变频器的出厂设置?

2. 变频器主回路无输出电压的原因可能是什么?

3. 变频器的输出电压不稳定,忽大忽小,且被驱动的电动机抖动,产生这个现象的原因可能是什么?

基础五　伺服驱动器应用基础

伺服(Servo)一语源自于拉丁语的 Servus(英语为 Slave：奴隶)。从电气方面来说，伺服系统是输出量能够自动、快速、准确地跟随输入量变化而变化的控制系统，又称为随动系统或自动跟踪系统。伺服系统一般是对物体运动的位置、速度及加速度等变化量进行跟踪控制，它与步进系统的区别是不会产生失步，适用于高精度、高转速的场合。

松下 MINAS-A5 系列交流伺服电机及其驱动器是一种广泛应用于各种机器上的伺服设备，其设定和调整极其简单，所配套的电动机采用 20 位增量式编码器，在低刚性机器上有较高的稳定性，在高刚性机器上可进行高速、高精度运转。YL-335B 自动生产线的输送单元抓取机械手的运动控制所采用的松下 MINAS-A5 系列的伺服电动机型号为 MSMD022G1S，配套的伺服驱动器型号为 MADHT1507E，本章即以 MADHT1507E 为例说明伺服驱动器的相关知识及使用方法。

5.1　伺服驱动器的结构与原理

5.5.1　伺服驱动器的内部结构

伺服驱动器主要由伺服控制单元、功率驱动单元、通信接口单元组成，其中，伺服控制单元包括位置控制器、速度控制器和电流控制器等，用于实现伺服系统的位置控制、速度控制和转矩控制。其内部结构框图如图 1.5.1 所示。

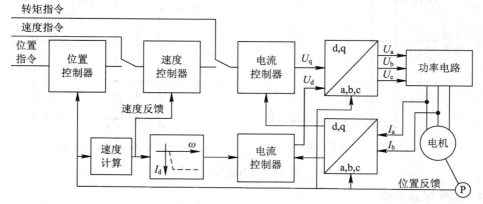

图 1.5.1　伺服驱动器内部结构框图

伺服驱动器采用数字信号处理器(DSP)作为控制核心，其优点是可以实现比较复杂的控制算法，实现数字化、网络化和智能化。伺服系统用作位置控制时，位置指令输入到位置控制器，速度控制器输入端前面的电子开关切换到位置控制器输出端，同时，电流控制器输入端前面的电子开关切换到速度控制器输出端。因此，位置控制模式下的伺服系统是一个三闭环控制系统，两个内环分别是电流环和速度环。

5.1.2 伺服驱动器的主电路

伺服驱动器的主电路是指电路输入至逆变输出之间的电路，它主要包括整流电路、开机浪涌保护电路、滤波电路、再生制动电路和逆变电路等。主电路中的功率器件普遍以智能功率模块(IPM)为核心。IPM 内部集成了驱动电路，同时具有过电压、过电流、过热、欠压等故障检测保护电路，在主回路中还加入了软启动电路，以减小启动过程对功率器件的冲击。

1. 三相整流电路

三相整流电路可以将三相交流电转换成直流电。三相桥式整流电路是一种应用很广泛的三相整流电路，其电路图如图 1.5.2 所示。

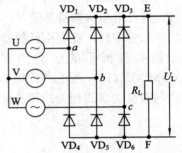

图 1.5.2 三相桥式整流电路

2. 滤波与浪涌保护电路

整流电路输出的直流电压波动很大，为了使整流电路输出电压平滑，需要在整流电路后面设置电容滤波电路。滤波电容接通电源前电容两端电压为 0，在刚接通电源时，会有很大的开机冲击电流经整流器件对电容充电，这样易烧坏整流器件。为了保护整流器件不被开机浪涌电流烧坏，通常采取一些浪涌保护电路。图 1.5.3 所示为两种常用的浪涌保护电路。

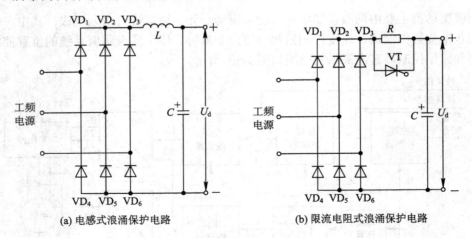

(a) 电感式浪涌保护电路   (b) 限流电阻式浪涌保护电路

图 1.5.3 浪涌保护电路

3. 再生制动电路

伺服驱动器是通过改变输出交流电源的频率来控制电动机的转速的。当需要电动机减速时，伺服驱动器的逆变器输出交流电频率下降，但由于惯性原因，电动机转子转速会短时高于定子绕组产生的旋转磁场转速，电动机处于再生发电制动状态，它会产生电动势通过逆变电路对滤波电容反充电，使电容两端电压升高。为了防止电动机减速而进入再生发电时对电容充的电压过高，同时也为了提高减速制动速度，通常需要在伺服驱动器的主电路中设置制动电路，其电路如图 1.5.4 所示。

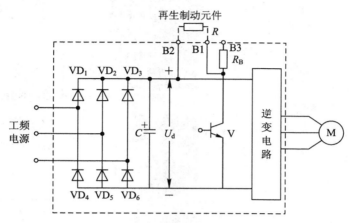

图 1.5.4　再生制动电路

4．逆变电路

逆变电路又称直流-交流(DC-AC)转换电路，用于将直流电源转换成交流电源。图 1.5.5 是一种典型的三相电压逆变电路。

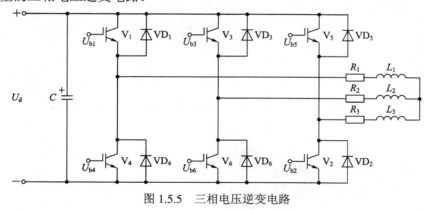

图 1.5.5　三相电压逆变电路

5.2　伺服驱动器的电气连接与电路设计

5.2.1　伺服驱动器的电气连接

1．MINAS-A5 通用接口型驱动器接口

MINAS-A5 通用接口型驱动器 MADHT1507E 与外围设备的连接示意图如图 1.5.6 所

示。由图可见，MADHT1507 伺服驱动器面板上有多个接线端口，其主要端口功能如下：

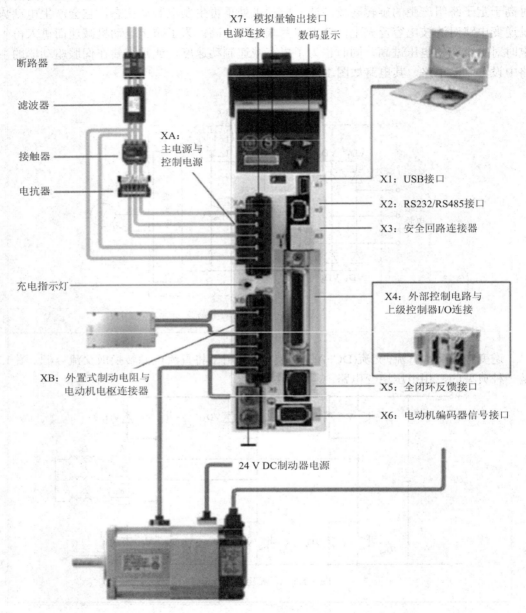

图 1.5.6　MINAS-A5 通用接口型驱动器的连接示意图

　　XA：电源输入接口，当使用单相电源时，AC220V 电源连接到 L1、L3 主电源端子，同时连接到控制电源端子 L1C、L2C 上。

　　XB：电动机接口和外置再生制动电阻器接口，U、V、W 端子用于连接电动机。必须注意，电源电压务必按照驱动器铭牌上的指示，电动机接线端子(U、V、W)不可以接地或短路，交流伺服电动机的旋转方向不像感应电动机可以通过交换三相相序来改变，必须保证驱动器上的 U、V、W、E 接线端子与电动机主回路接线端子按规定的次序一一对应，否则可能造成驱动器的损坏。电动机的接地端子和驱动器的保护接地端子、控制柜的接地端必须保证可靠地连接到同一个接地点上，滤波器也必须接地。B1、B2、B3 用于选择制动电阻，B2、B3 短接时使用内部制动电阻；外接的制动电阻连接在 B1、B2 端子上，此时需将 B2、B3 的短接线断开。

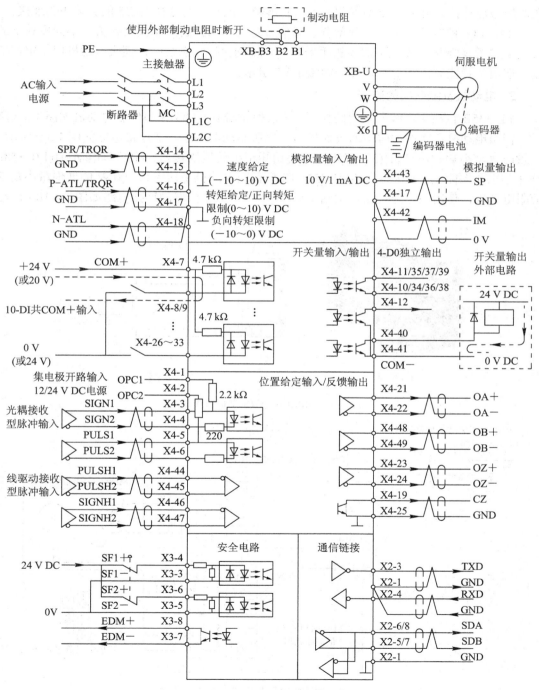

图 1.5.7　MINAS-A5 系列驱动器的接线图

X6：连接到电动机编码器信号接口，连接电缆应选用带有屏蔽层的双绞电缆，屏蔽层应接到电动机侧的接地端子上，并且应确保将编码器电缆屏蔽层连接到插头的外壳(FG)上。

X5：当伺服驱动器需要通过外部光栅尺获得反馈信号时，需连接到外部光栅尺的相应输出。外部反馈尺所用电缆应选用带屏蔽层的双绞线，外部反馈尺的屏蔽外皮应与中继电缆的屏蔽层连接。此外，驱动器侧请务必将屏蔽线的外皮与连接器 X5 的壳体(FG)连接。

X4：I/O 控制信号端口，其部分引脚信号定义与选择的控制模式有关，不同模式下的接线请参考《松下 A 系列伺服电机手册》。单轴伺服控制系统中，伺服电动机用于定位控制，选用位置控制模式，具体接线如图 1.5.7 所示。

2. 电动机及编码器的连接

YL-335B 自动生产线所采用的松下 A5 系列 MSMD022G1S 型伺服电动机如图 1.5.8 所示。伺服电动机自带的编码器通过连接器与伺服驱动器相连，其连接电路如图 1.5.9 所示。一般而言，小功率电动机[(50～750) W]使用矩形编码器连接器，中功率电动机[(1.0～5.0) kW]使用圆形编码器连接器。MSMD022G1S 型伺服电动机是功率为 200 W 的低惯量小功率伺服电动机，使用矩形连接器，如图 1.5.9 所示。圆形连接器的连接电路如图 1.5.10 所示。

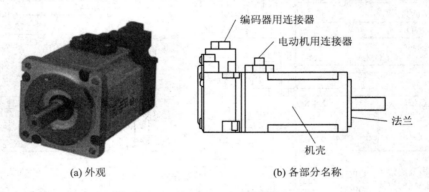

(a) 外观   (b) 各部分名称

图 1.5.8 MSMD022G1S 型伺服电动机

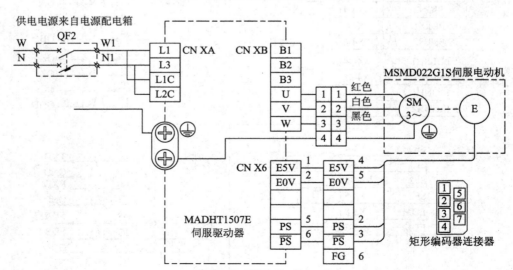

图 1.5.9 伺服驱动器与伺服电动机的连接

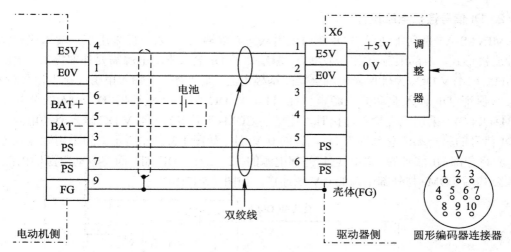

图 1.5.10　圆形连接器的连接电路

5.2.2　伺服驱动器的电路设计

1. 主回路设计

MINAS-A5 驱动器的控制电源有独立的输入端 L1C 和 L2C，因此，可以通过主接触器 1KM 对主电源的通断进行独立控制，以有效防止驱动器产生故障时主电源加入与出现紧急情况时的可靠断电。主接触器控制推荐使用图 1.5.11 所示的电路。如图 1.5.11(b) 所示，按下启动按钮 S-ON，主接触器 1KM 线圈得电并自锁，其接在主回路中(见图 1.5.11(a))的主触点 1KM 闭合，伺服驱动器主电源接通；按下停止按钮 S-OFF，1KM 线圈失电，相应的主触点 1KM 断开，伺服驱动器电源断开。在发生故障报警等紧急情况时，ALM+ 和 ALM-之间的电子开关截止，继电器 1KA 线圈失电，控制电路中的常开触点 1KA 断开，主接触器 1KM 线圈失电，将伺服驱动器从电源脱开。

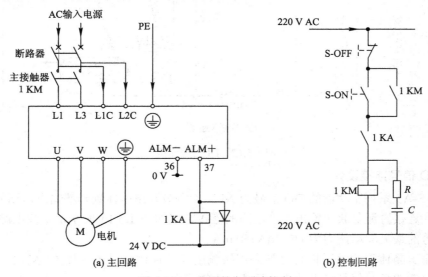

图 1.5.11　典型的主回路控制

2. DI 信号连接电路设计

MINAS-A5 系列驱动器的 DI 接口采用双向光耦输入，输入可以采用汇点输入或源输入两种连接形式，内部限流电阻为 4.7 kΩ。驱动器的 DI 输入驱动电源需要外部提供，电压可以为(12～24) V DC。为确保光电耦合器的基极电流，即使对于无输入电阻的触点信号输入，也必须保证 DI 输入驱动的电源电压在 11.4 V DC 以上。驱动器 DI 输入的公共端为 COM+(X4-7)，采用汇点输入连接时，连接端 COM+连接(12～24) V DC 输入驱动电源，全部 DI 信号的另一端汇总到外部 DI 电源的 0 V 端，如图 1.5.12(a)所示。当采用源输入连接时，应将全部 DI 信号的一端汇总到外部电源的(12～24) V DC 端，而将驱动电源的内部 DI 输入公共端 COM+与外部电源的 0 V 端连接，如图 1.5.12(b)所示。

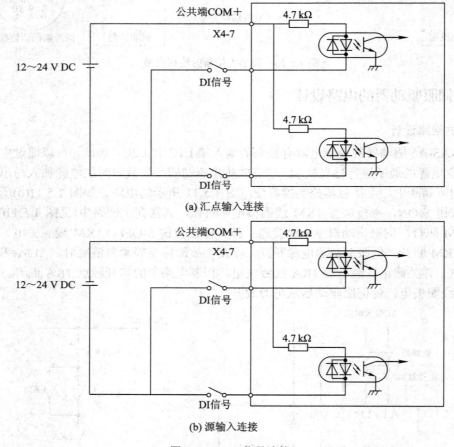

(a) 汇点输入连接

(b) 源输入连接

图 1.5.12　DI 信号连接

3. DO 信号连接设计

MINAS-A5 系列驱动器的 DO 信号为 NPN 集电极开路达林顿光耦输出，应以汇点输出连接的形式连接直流负载。输出驱动电路的连接方式如图 1.5.13 所示，负载电源应由外部提供，信号的最大驱动能力为 DC 30 V/50 mA。

DO 输出晶体管的发射极有可独立连接输出和与控制信号电源侧(COM−)共同输出两种类型，前者的每一信号输出独立，后者具有输出公共端。

独立型输出的 DO 信号应将负载的正端统一连接到外部电源的 24 V DC 上，驱动器的 DO+输出端与负载负端连接，输出端 DO–统一汇总后与外部电源的 0 V 端连接，感性负载的两端必须加续流二极管。

公共端输出的 DO 信号应将负载的正端统一连接到外部电源的 24 V DC 上，驱动器的 DO+输出端与负载负端连接，输出公共端的 COM–(X4-41)与外部电源的 0 V 端连接。

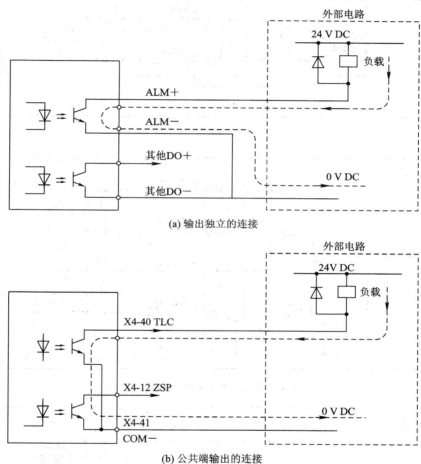

(a) 输出独立的连接

(b) 公共端输出的连接

图 1.5.13　驱动器的 DO 信号连接

4. 位置脉冲给定输入的连接

MINAS-A5 系列驱动器位置给定脉冲输入具有光耦接收与长线驱动接收两个输入通道。

1) 光耦接收通道

MINAS-A5 光耦接收通道的最高脉冲输入频率与脉冲输入形式有关，当位置脉冲来自长线驱动输出时，其最大输入频率允许为 500 kHz。对于集电极开路型脉冲输入，其最大输入频率允许为 200 kHz。

光耦接收通道的可靠接收信号的输入驱动电流为 10 mA 左右，因此，采用集电极开路输入时应根据输入电源的规格增加限流电阻。

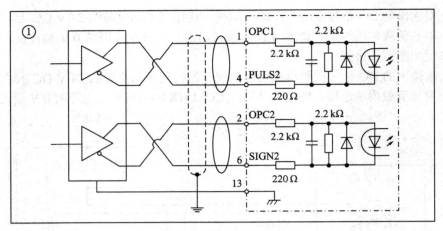

(a) 与长线驱动输出的连接

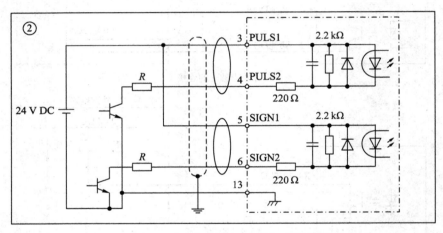

(b) 与24 V DC集电极开路输出的连接(有限流电阻)

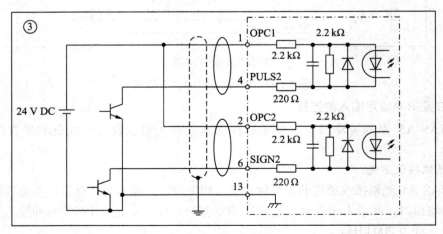

(c) 与24 V DC集电极开路输出的连接(无限流电阻)

图 1.5.14　光耦接收通道的连接

光耦接收通道的连接电路如图 1.5.14 所示。长线驱动器的连接如图 1.5.14(a)所示，这是一种不易受噪声干扰的信号传送方式，推荐使用此方式，以增加信号传送的可靠性。集电极开路是一种使用驱动器外部信号电源的方式，需使用与外部信号电源值相应的限流电阻(R)，如图 1.5.14(b)所示；还有一种使用 24 V 电源但不使用限流电阻时的连接，如图 1.5.14(c)所示。

2) 长线驱动接收通道

长线驱动器 I/F 输入脉冲频率最大为 4 Mpps(Million pulses per second，百万脉冲(数)/秒)，是一种不易受噪声干扰的信号传送方式，推荐使用线路驱动器 I/F 的方式，以增加信号传送的可靠性，如图 1.5.15 所示。

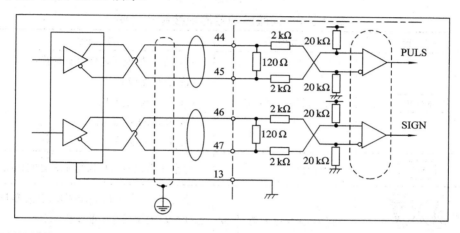

图 1.5.15　长线驱动接收通道的接口电路

5. 模拟量输入/输出的连接

MINAS-A5 的模拟指令输入有 SPR/TRQR(14 引线)、P-ATL(16 引线)、N-ATL(18 引线)等 3 种通道。各输入的最大容许输入电压为 ±10 V。

MINAS-A5 的模拟量输出可以用于外部显示仪表等部件的连接，有速度监视器信号输出(SP)和转矩监视器信号输出(IM)两种输出类型。模拟量输出的电压信号振幅为 ±10 V。

5.3　伺服驱动器的参数设置

MADHT1507E 伺服驱动器的参数分为 6 类共 218 个，参数编号用 PrX.Y 表示，其中 X 为分类号，Y 表示分类中的第 Y 号参数。如 Pr6.24 就表示分类 6 中的第 24 号参数。这 6 类参数中，Pr0 为基本设定，Pr1 为增益调整，Pr2 为振动抑制功能，Pr3 为速度、转矩控制、全闭环控制，Pr4 为 I/F 监视器设定，Pr5 为扩展设定，Pr6 为特殊设定。在 PC 上安装驱动器参数设置软件，与伺服驱动器建立起通信，可方便地将伺服驱动器的参数状态读出或者写入。但当现场条件不允许，或只需修改少量参数时，则需要通过操作驱动器前面板来完成。

5.3.1　操作面板

为了能够按使用现场的要求合理设置驱动器参数，首先要熟悉其面板显示和键盘操作单元。驱动器操作面板如图 1.5.16 所示，其上半部为面板显示器，下半部为接口和各种按键。面板按键的说明见表 1.5.1。

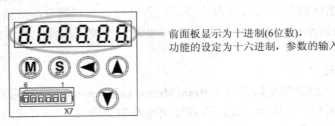

前面板显示为十进制(6位数)，
功能的设定为十六进制，参数的输入为十进制

图 1.5.16　驱动器操作面板

表 1.5.1　伺服驱动器面板按键的说明

按　键	激活条件	功　能
MODE	在模式显示时有效	在以下 4 种模式之间进行切换： (1) 监视器模式； (2) 参数设置模式； (3) EEPROM 写入模式； (4) 辅助功能模式
SET	一直有效	用来在模式显示和执行显示之间切换
▲▼	仅对小数点闪烁的那一位数据位有效	改变各模式里的显示内容、更改参数、选择参数或执行选中的操作
◀		把移动的小数点移动到更高位数

5.3.2　参数设置的方法

1. 面板操作说明

(1) 参数设置：先按"SET"键，再按"MODE"键选择到"Pr000"后，按向上、向下或向左的方向键选择通用参数的项目，按"SET"键进入。然后按向上、向下或向左的方向键调整参数，调整完后，按"SET"键返回。选择其他项再进行调整。

(2) 参数保存：按"MODE"键选择"EE-SET"后按"SET"键确认，将会出现"EEP-"，然后长按向上键约 5 s，出现"FInISh"或"rESEt"，然后重新上电即可保存。

(3) 手动 JOG 运行：试运转模式下，电动机可在连接器 X4 未连接 PLC 等上位控制装置的状态下进行试运转。设置电机试运转时，先按"MODE"键选择到"AF-AcL"，然后按向上、向下键选择"AF-JoG"，按"SET"键一次，显示"JoG-"，然后长按向上键 5s 显示"rEAdy"，再按向左键 5 s 出现"Sru-ON"锁紧轴，按向上、向下键，点动正反转旋转，此时旋转速度为 Pr6.04(JOG 试运转速度指令)中的设定值。注意：要先将伺服使能 SRV-ON(X4-29)断开。

2. 操作模式及其转换

MINAS-A5 系列驱动器共有监视器状态显示、参数设置、EEPROM 写入与辅助功能等

4 种基本模式，可通过"MODE"键进行模式转换，操作模式转换及初始化显示内容如图 1.5.17 所示。

　　显示模式选定后，利用 ▲、▼ 键可以改变显示内容，在此基础上，按下"SET"键便可以显示对应的数据。

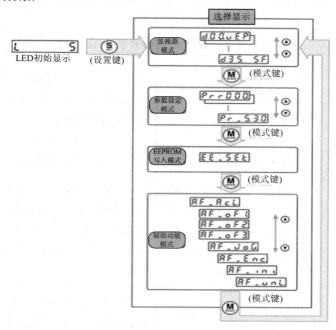

图 1.5.17　MINAS-A5 操作模式的转换

3. 参数初始化

　　为了便于操作，MINUS-A5 出厂默认参数的恢复可以直接通过参数初始化操作来实现。参数初始化操作步骤如图 1.5.18 所示。

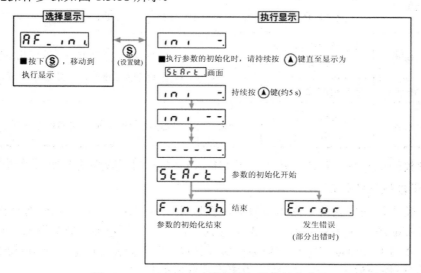

图 1.5.18　MINAS-A5 的参数初始化操作步骤

5.3.3 参数说明

1. 基本参数设定

当控制要求较为简单时，伺服驱动器可采用自动增益调整模式。伺服驱动器参数设置如表1.5.2所示。

表1.5.2 伺服驱动器参数设置表

序号	参数		设置数值	功能和含义
	参数编号	参数名称		
1	Pr5.28	LED 初始状态	1	显示电动机转速
2	Pr0.01	控制模式	0~6	0—位置控制；1—速度；2—转矩；3—位置和速度；4—位置和转矩；5—速度和转矩；6—全闭环
3	Pr5.04	驱动禁止输入设定	2	当左或右(POT 或 NOT)限位动作时，则会发生 Err38.0(驱动禁止输入保护)报警。设置此参数值必须在控制电源断电重启之后才能修改、写入成功
4	Pr0.04	惯量比	250	负载惯量对转子惯量的百分比，在实时自动增益调整实行中自动被设定
5	Pr0.02	实时自动增益设置	1	实时自动调整为标准模式，运行时负载惯量的变化情况很小
6	Pr0.03	实时自动增益的机械刚性选择	13	此参数值设置得越大，速度响应越快，伺服刚性越高，但同时变得容易产生振动
7	Pr0.06	指令脉冲旋转方向设置	1	指令脉冲+指令方向。设置此参数值必须在控制电源断电重启之后才能修改成功
8	Pr0.07	指令脉冲输入方式	3	
9	Pr0.08	电动机每旋转一转的脉冲数	3000	设定电动机每转一圈的指令脉冲

其他参数的说明及设置请参看《松下 MINAS-A5 系列伺服驱动器使用说明书》。

2. 电子齿轮比的设定

电子齿轮比是伺服系统中的重要参数。在位置控制模式下，电子齿轮等效的单闭环位置控制系统方框图如图 1.5.19 所示。由图可见，指令脉冲信号进入驱动器后，须通过电子齿轮变换后才与编码器反馈脉冲信号进行偏差计算。电子齿轮实际是一个分-倍频器，合理搭配它们的分-倍频值 D，可以灵活地设置指令脉冲的行程。

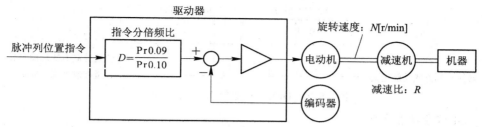

图 1.5.19　等效的单闭环位置控制系统方框图

　　MINAS-A5 电子齿轮比的设定由 Pr0.08、Pr0.09、Pr0.10 三个参数来设置。其中，Pr0.08 是电动机每旋转一圈的指令脉冲数；Pr0.09 和 Pr0.10 分别用来设定指令脉冲输入的分倍频处理的分子和分母，电子齿轮比位置控制时具体的设定方法如表 1.5.3 所示。

表 1.5.3　MINAS-A5 电子齿轮比的设定

Pr0.08	Pr0.09	Pr0.10	指令分倍频处理
1～1048576	— （无影响）	— （无影响）	指令脉冲输入 → $\dfrac{\text{编码器分辨率}}{\text{【Pr0.08设定值】}}$ → 位置指令 ＊ 不受 Pr0.09、Pr0.10 设定的影响，根据 Pr0.08 的设定值进行上图的处理
0	0	0～1073741824	指令脉冲输入 → $\dfrac{\text{编码器分辨率}}{\text{【Pr0.10设定值】}}$ → 位置指令 ＊ Pr0.08、Pr0.09 都为 0 时，根据 Pr0.10 的设定值进行上图的处理
0	1～1073741824	1～1073741824	指令脉冲输入 → $\dfrac{\text{【Pr0.09设定值】}}{\text{【Pr0.10设定值】}}$ → 位置指令 ＊ Pr0.08 为 0、且 Pr0.09≠0 时，根据 Pr0.09、Pr0.10 的设定值进行上图的处理

3. DI/DO 功能定义

　　MINAS-A5 的 DI/DO 功能由参数 Pr4.00～Pr4.15 进行定义，其字长为 2 个字，以 8 位十六进制数的形式设定。通过参数的不同设定位可分别设定对应输入/输出端子在位置、速度与转矩控制方式下的信号功能，参数对应位的意义如图 1.5.20 所示。

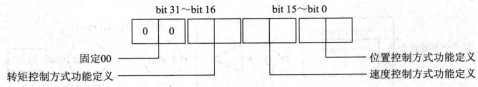

图 1.5.20　DI/DO 功能参数对应位的意义

1) DI 信号功能定义

DI 信号功能由 Pr4.00～Pr4.09 进行定义，设定参数与信号功能的对应关系如表 1.5.4 所示。表中，常开(A 接)是指信号输入与 COM 断开时功能无效；常闭(B 接)则与之相反，信号输入与 COM 断开时功能有效。例如，Pr4.00 的出厂设定值为 00828282H，其作用是定义输入端子 SI1(X4-8)的功能为反转禁止信号，当 SI1 与 COM 之间断开时，禁止反转(B 接)。

表 1.5.4　DI 信号功能定义表

信号符号	DI 信号功能	设定值	
		常开(A 接)	常闭(B 接)
—	输入端不使用	00H	不可设定
POT	正转禁止信号	01H	81H
NOT	反转禁止信号	02H	82H
SRV-ON	伺服启动	03H	83H
A-CLR	警报清除	04H	不可设定
C-MODE	控制模式切换	05H	85H
GAIN	增益切换输入	06H	86H
CL	位置跟随误差清除	07H	不可设定
INH	指令脉冲禁止	08H	88H
TL-SEL	转矩限制切换输入	09H	89H
VS-SEL1	减振控制切换输入 1	0AH	8AH
VS-SEL2	减振控制切换输入 2	0BH	8BH
DIV1	电子齿轮比切换 1	0CH	8CH
DIV2	电子齿轮比切换 2	0DH	8DH
INTSPD1	内部速度选择 1	0EH	8EH
INTSPD2	内部速度选择 2	0FH	8FH
INTSPD3	内部速度选择 3	10H	90H
ZEROSPD	零速箝位输入	11H	91H
VC-SIGN	速度指令符号输入	12H	92H
TC-SIGN	转矩指令符号输入	13H	93H
E-STOP	急停	14H	94H
J-SEL	惯量比切换输入	15H	95H

2) DO 信号功能定义

DO 信号功能由 Pr4.10～Pr4.15 设定，定义参数与信号设定功能的对应关系如表 1.5.5 所示。

表 1.5.5　DO 信号功能定义表

信号符号	DO 信号功能	设定值
—	输出端无效	00H
ALM	伺服报警输出	01H
S-RDY	伺服准备输出	02H
BRK-OFF	外部制动器解除信号	03H
INP	定位完成	04H
AT-SPEED	速度到达	05H
TLC	转矩限制信号输出	06H
ZSP	零速箝位检测信号	07H
V-COIN	速度一致输出	08H
WARN1	警告输出 1	09H
WARN2	警告输出 2	0AH
P-CMD	位置指令有无输出	0BH
INP2	定位完成 2	0CH
V-LIMIT	速度限制中输出	0DH
ALM-ATB	驱动器报警	0EH
V-CMD	速度指令有无输出	0FH

5.4　伺服驱动器的控制方式及其选择

1. 控制方式

一般的伺服驱动器都有转矩控制方式、位置控制方式、速度控制方式三种控制方式。

1) 转矩控制方式

转矩控制方式是通过外部模拟量的输入或直接地址的赋值来设定电动机轴对外输出的转矩的大小，可以通过改变模拟量的设定来改变设定力矩的大小，也可以通过通信方式改变对应地址的数值来实现。

转矩控制方式主要应用于对材质的受力有严格要求的缠绕和放卷的装置中，例如，绕线装置或拉光纤设备，转矩的设定要根据缠绕装置半径的变化而随时更改，以确保材质的受力不会随着缠绕半径的变化而改变。

2) 位置控制方式

位置控制方式一般是通过外部输入脉冲的频率来确定转动速度的大小，通过脉冲的个数来确定转动的角度，也有些伺服驱动器可以通过通信方式直接对速度和位移进行赋值。由于位置控制方式可以对速度和位置进行严格的控制，所以一般应用于定位装置，如数控机床、印刷机械等设备。

　　3) 速度控制方式

　　速度控制方式一般是通过模拟量的输入或脉冲的频率进行转动速度的控制，在有上位控制装置的外环 PID 控制时，速度控制模式也可以进行定位，但必须把电动机的位置信号或直接负载的位置信号反馈给上位机以作运算用。位置控制模式也支持电动机轴端的编码器只检测电动机转速，位置信号直接由负载端的检测装置来提供的方式，这样做可以减少中间传动过程中的误差，增加了整个系统的定位精度。

　　2. 控制方式的选择

　　MINAS-A5 系列驱动器的控制方式可通过 Pr0.01 的设定来进行选择，主要有位置、速度、转矩及全闭环四种控制模式，具体设置如表 1.5.6 所示。

表 1.5.6　控制模式设置

参数编号	设定值	内　　容	
		第 1 模式	第 2 模式
Pr0.01	0	位置	—
	1	速度	—
	2	转矩	—
	3*	位置	速度
	4*	位置	转矩
	5*	速度	转矩
	6	全闭环	—

　　设定为 3、4、5 的复合模式时，通过控制模式选择输入(C-MODE)可任选第 1 模式和第 2 模式中的一个。若将 C-MODE 的输入逻辑设定为常闭，则 C-MODE 接通时，选择第 1 模式；C-MODE 断开时，选择第 2 模式。

📖思考与练习

　　1. 什么是电子齿轮比？举例说明电子齿轮比的设置方法。

　　2. 如何用一个 PLC 控制两个或多个伺服电动机同步运行，即当主电动机速度改变时，其他电动机也跟着同步运行。设计控制方案并调试运行。

第二篇

实践操作

项目一　Festo 气动控制系统集成

一、项目概述

本项目的设备对象由 Festo 公司的模块化生产系统(MPS)组成，包括供料单元和操作手单元两站。两站上的设备可以拆卸，并通过安装板安装在移动小车上，各个部件的安装位置可以根据要求进行调整。

1. 供料单元

供料单元的主要作用是为生产加工过程逐一提供加工工件。供料单元的管状料仓中最多可存放 8 个工件。在供料过程中，气缸从料仓中逐一推出工件，接着摆臂模块上的真空吸盘将工件吸起，摆臂模块的转臂在旋转缸的驱动下将工件移至下一个工作站的传输位置。供料单元外形图如图 2.1.1 所示。

图 2.1.1　供料单元

2. 操作手单元

操作手单元配置了柔性 2 自由度操作装置。操作手单元中的漫反射式光电传感器对放置在支架上的工件进行检测，提取装置上的气抓手将工件从支架位置处提起。气抓手上装有光电式传感器，它用于区分"黑色"及"非黑色"工件，并将工件根据检测结果放置在不同的滑槽中。本工作站可以与其他工作站组合，也可以定义其他的工件分类方法，工件可以被直接传送至下一个工作站。操作手单元外形图如图 2.1.2 所示。

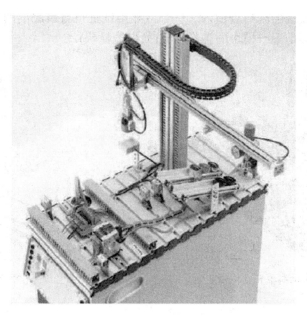

图 2.1.2　操作手单元

二、项目内容

本项目的主要内容是使用供料单元和操作手单元两站设备完成五项任务，分别是供料单元的组装和检测；供料单元的编程和调试；操作手单元的组装与检测；操作手单元的编程与调试；供料单元与操作手单元两站连接编程与调试。

任务一　供料单元的组装与检测

一、任务目标

(1) 掌握双作用气缸、阀岛、两连件、摆动缸等基本气动元件的使用方法。

(2) 掌握供料单元中磁性开关、行程开关、光电式传感器等传感器的结构、特点及电气接口特性。

(3) 掌握基本气动系统的连接和气路调试方法。

(4) 掌握多种传感器在自动化生产线中的安装和调试方法。

二、认识供料单元

供料单元主要包括料仓模块、摆动模块、两连件、阀岛以及一些辅件。供料单元结构示意图如图 2.1.3 所示。

1．料仓模块

料仓模块(如图 2.1.4 所示)将工件从料仓中分离，直到堆栈排列的 8 个工件全部被推出料仓。工件必须从顶端的开口处放入。一个双作用气缸可将最底层的工件从料仓中推到机械限位位置，该位置是下一模块的工作位置(如摆臂模块)。

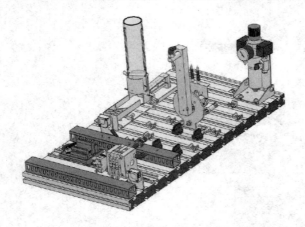

图 2.1.3　供料单元结构示意图

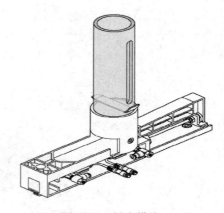

图 2.1.4　料仓模块

2．摆臂模块

摆臂模块(如图 2.1.5 所示)是一个气动提取装置。工件被吸盘吸起并通过摆动缸进行传送，其摆动范围可以通过机械调整控制在 0°～180°之间。极限位置可以通过行程开关进行检测(微型开关)。

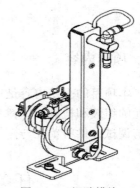

三、供料单元的组装

1．组装需要的工具

供料单元的组装所需要的工具如下：
- 管子扳手((9×10) mm)；
- 开口扳手((6×7) mm，(12×13) mm，(22×24) mm)；
- 十字螺丝刀(3.5 mm)；
- 内六角扳手(5 mm)。

图 2.1.5　摆臂模块

2．安装步骤

第一步：安装工作台板。如图 2.1.6 所示，将工作台板安装到移动小车上，并固定好。

第二步：如图 2.1.7 所示，组装线槽及导轨。将线槽和导轨按照台板尺寸切割好，并准备好螺丝、螺母和垫圈。

第三步：如图 2.1.8 所示，安装电气走线槽。将切割好的线槽和导轨按照顺序安装在台板上，并用螺丝固定好。

第四步：如图 2.1.9 所示，安装摆臂模块及一些部件。根据布置图安装摆臂模块、两联件、I/O 端子连接器、真空开关、阀岛等部件，

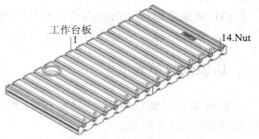

图 2.1.6　工作台板的安装

并固定好。

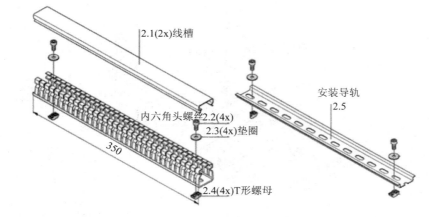

图 2.1.7　线槽及导轨的组装示意图

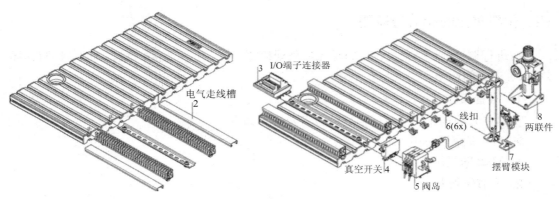

图 2.1.8　电气走线槽的安装示意图　　　图 2.1.9　摆臂模块及一些部件的安装示意图

第五步：如图 2.1.10 所示，安装堆栈模块、光纤传感器、站间连接接收器等，并固定好。

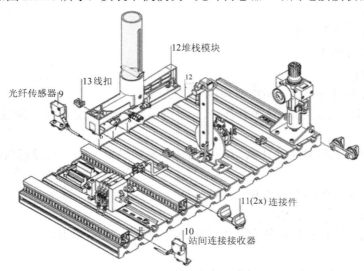

图 2.1.10　堆栈模块及一些部件的安装示意图

第六步：如图 2.1.11 所示，完成整站的组装，并再次检查安装是否牢固。

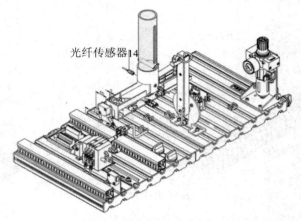

光纤传感器14

图 2.1.11　整站的组装示意图

四、供料单元的调节与检测

在进行调试前，必须进行供料单元的外观检测，包括电气连接、气源、机械元件(损坏、连接)等方面的检测。

1．准备工作

供料单元的调试与检测所需要的设备及装置如下：

➢ 24 V 直流开关电源一个；

➢ 6 bar 的气源。

2．调节传感器

(1) 调节磁性开关传感器。磁性开关传感器安装在气缸的末端，主要是对安装在气缸活塞上的永久磁铁进行感应。

操作步骤如下：

• 连接气缸，打开气源；

• 连接传感器导线；

• 打开电源；

• 将气缸与电磁阀连接，用电磁阀控制气缸运动；

• 将传感器在气缸轴向位置上移动，直到传感器被触发导通，触发后状态指示灯(LED)亮；

• 在同一方向上轻微移动传感器，直到传感器被触发关闭，触发后状态指示灯(LED)熄灭；

• 将传感器安装在触发导通和关闭的中间位置上；

• 用内六角扳手固定传感器；

• 启动气缸，检查传感器位置是否正确(气缸活塞杆前进/后退)。

操作完成。

(2) 调节光电式传感器(用于检测料仓的填充高度)。光电式传感器用于检测料仓是否有工件。从光栅上导出一根光纤导线，光栅会发出红色可见光，如果料仓有工件，则会遮挡住红色光。

操作步骤如下：

- 安装连接传感器；
- 接通电源；
- 将光纤导线探头安装在料仓上；
- 将光纤导线连接至光栅上；
- 用内六角扳手调节传感器的灵敏度，直到指示灯亮；

(注意：调节螺孔最大只能旋转 12 圈。)

- 将工件放入料仓中，传感器指示灯熄灭。

操作完成。

(3) 调节行程开关(安装在摆动气缸上)。行程开关是用于检测摆动气缸末端位置的传感器，通过安装在气缸上的可调节凸轮触发行程开关。

操作步骤如下：

- 连接摆动气缸，打开气源；
- 连接行程开关，接通电源；
- 将气缸与电磁阀连接，用电磁阀控制气缸运动；
- 在摆动缸的滑槽上移动行程开关凸轮，直到行程开关被触发；
- 固定螺丝；
- 启动摆动缸，检查行程开关是否安装在正确的位置上(向左或向右摆动气缸)。

操作完成。

(4) 调节真空检测开关(安装在摆臂上)。真空检测开关用于监测吸盘上是否有工件，如果工件被吸起，真空检测开关会发出一个输出信号。

操作步骤如下：

- 连接真空发生器、真空吸盘和真空检测开关；
- 打开气源；
- 连接真空检测开关的电气部分；
- 接通电源；
- 将工件放在吸盘处，直到被吸起；
- 逆时针方向旋转真空检测开关的螺孔，直到黄色 LED 灯亮；
- 启动真空发生器，检查工件是否被吸起。

(注意：移动摆动气缸从一个末端到另一个末端位置上，工件不能落下。)

操作完成。

(5) 调节单向节流阀。单向节流阀用于控制双作用气缸的气体流量。在相反方向上，气体通过单向阀流动。

操作步骤如下：

- 连接气缸；
- 打开气源；
- 将单向节流阀完全拧紧，然后再松开一圈；

- 启动系统；
- 慢慢打开单向节流阀，直到达到所需的活塞杆速度。

操作完成。

(6) 气动站手动调节。手动调节用于检查阀和阀–驱动组合站的功能。

操作步骤如下：

- 打开气源；
- 接通电源；
- 用细铅笔或一个螺丝刀(最大宽度为 2.5 mm)按下手控开关；
- 松开开关(开关为弹簧复位)，阀回到初始位置；
- 逐一对各个阀进行手控调节。

操作完成。

注意： 在系统调试前，保证阀岛上的所有阀都处于初始位置。

📖 **思考与练习**

1. 总结气动元件安装过程中的一些技巧。
2. 总结阀岛的使用方法。

任务二　供料单元的编程与调试

一、任务目标

(1) 根据工作任务，在规定时间内完成供料单元的结构调整。
(2) 能正确绘制供料单元气动原理图。
(3) 能正确绘制供料单元电气原理图。
(4) 能完成控制程序的设计和调试。
(5) 能解决结构调整与运行过程中出现的常见问题。

二、控制功能的描述

供料单元将工件从料仓中推出，料仓最多可装 8 个工件，料仓中是否装有工件由光电式传感器进行检测，双作用气缸将工件逐个推出。摆动模块上装有一个吸盘，可以将推出的工件吸起。一个真空检测开关可以检测到工件是否被吸起，摆动模块的摆臂由摆动气缸驱动，可将工件传送到下一个工位。

三、准备工作

供料单元的编程与调试所需要的设备如下：
➢ 装有 GX 编程软件的 PC 一台；
➢ 三菱 FX 系列 PLC 一台及编程电缆一根；

> 安装调试好的供料单元一台。

四、控制任务动作流程的描述

本任务主要是编程控制供料单元完成工件的传送任务，具体动作流程如图 2.1.12 所示。

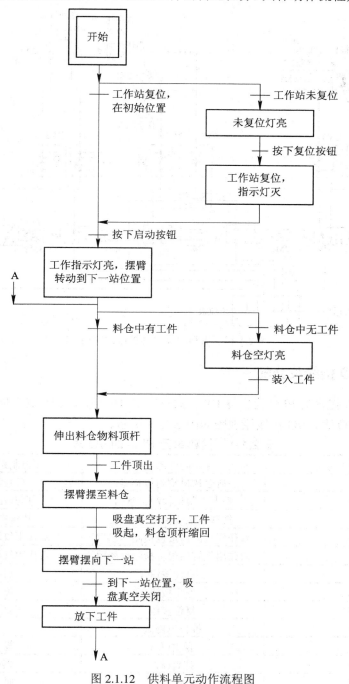

图 2.1.12 供料单元动作流程图

五、气动控制回路

供料单元上的所有气管按照安装技术要求插接到阀岛上,其气动控制回路图如图2.1.13所示。

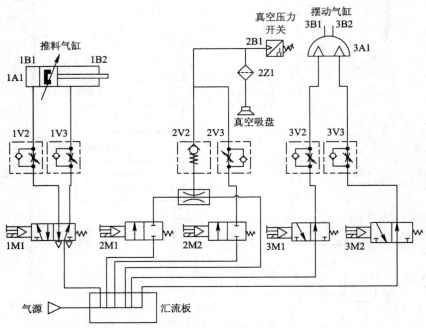

图 2.1.13 供料单元气动控制回路图

六、PLC 的 I/O 接线及分配

供料单元中,提供的 PLC 为三菱 FX$_{3U}$-32MT,共 16 点输入、16 点晶体管输出。表 2.1.1 给出了 PLC 的 I/O 表,I/O 接线原理图如图 2.1.14 所示。

表 2.1.1 供料单元 PLC 的 I/O 表

PLC 的 I/O 地址	连接的外部设备	在控制系统中的作用
X0	料仓物料检测传感器	料仓物料检测
X1	摆臂左限位检测传感器	摆臂左限位检测
X2	摆臂右限位检测传感器	摆臂右限位检测
X3	双作用气缸前限位检测传感器	双作用气缸前限位检测
X4	双作用气缸后限位检测传感器	双作用气缸后限位检测
X5	启动按钮	启动系统
X6	停止按钮	停止系统
X7	复位按钮	复位系统
Y0	推料电磁阀	推料
Y1	摆臂(左)	摆臂左转
Y2	摆臂(右)	摆臂右转
Y3	吸盘	吸盘吸气
Y4	吸盘	吸盘吹气

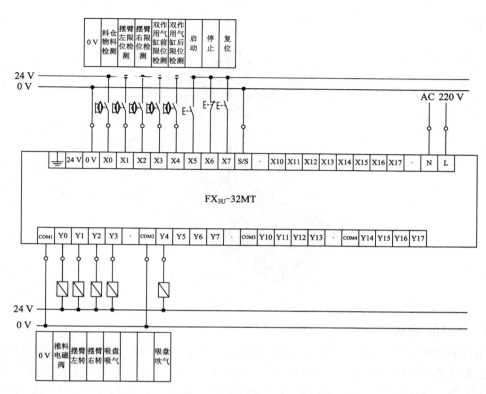

图 2.1.14　供料单元 I/O 接线原理图

具体的 PLC 程序，读者可根据动作流程图、规划好的 PLC 输入、输出分配表(I/O 表)及接线原理图自行编制，最后再进行调试与运行。

📖 **思考与练习**

1. 总结气动原理图的绘制方法。
2. 思考怎样控制供料单元摆臂的摆动速度。

任务三　操作手单元的组装与检测

一、任务目标

(1) 掌握操作手单元中无杆缸的功能、特性。
(2) 掌握操作手单元中漫射式传感器的结构、特点及工作原理。
(3) 进一步掌握气动系统的连接和气路调整方法。
(4) 掌握各类传感器在自动化生产线中的安装和调试。

二、操作手单元的认识

操作手单元主要包括 PicAlfa 模块、滑槽模块、摆放平台模块及其他一些辅件，如图

2.1.15 所示。

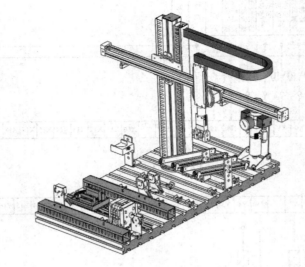

图 2.1.15　操作手单元

1．PicAlfa 模块

PicAlfa 模块(如图 2.1.16 所示)具有高度的灵活性，其行程短，无杆缸气动线性轴倾斜角度和末端位置传感器的安装位置可调，从而确保了终端位置及中间位置的快速定位；平板无杆缸带有终端位置检测，可以作为 Z 轴的提升气缸使用；在提升气缸上装有光电式传感器，用于工件的识别；这些特点保证了该工作单元在不增加其他元件的情况下可以完成一系列不同的操作任务。

2．滑槽模块

滑槽模块(如图 2.1.17 所示)用于存储和传送工件，滑槽可以同时存储 5 个工件，其倾斜角度可调。操作手单元使用了 2 个滑槽模块。

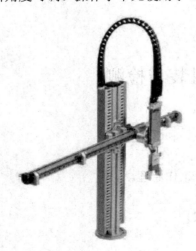

图 2.1.16　PicAlfa 模块

图 2.1.17　滑槽模块

三、操作手单元的安装

操作手单元的安装步骤如下：

第一步：安装工作台板。

第二步：组装线槽和导轨。

第三步：安装电气走线槽。

第四步：如图 2.1.18 所示，安装阀岛、光纤传感器及一些部件，并固定好。

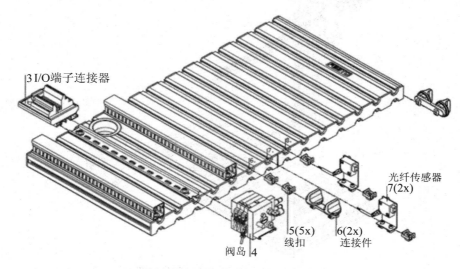

图 2.1.18　阀岛、光纤传感器及一些部件的安装示意图

第五步：如图 2.1.19 所示，安装滑槽模块、摆放平台模块及一些部件。在安装滑槽模块时，要注意滑槽模块的安装方向，并将其固定在台板上。在安装摆放平台模块时，注意模块的开口方向，要便于工件的摆放。

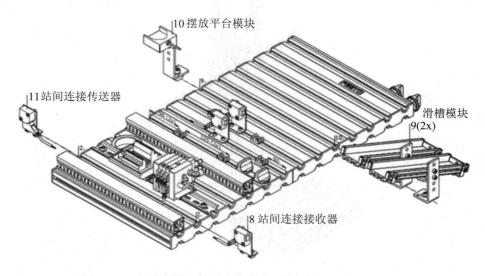

图 2.1.19　滑槽模块、摆放平台模块及一些部件的安装示意图

第六步：安装 PicAlfa 模块。如图 2.1.20 所示，PicAlfa 模块是通过底部圆座上的安装孔使用螺丝和台板来固定的。注意：在安装过程中要轻拿轻放，不要使无杆缸撞击其他物件。

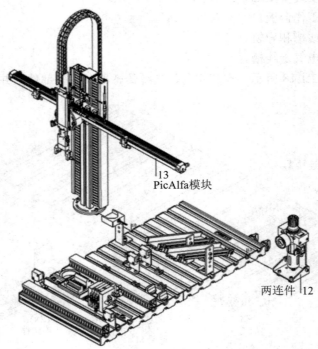

图 2.1.20　PicAlfa 模块的安装示意图

第七步：完成整站的组装，如图 2.1.21 所示。

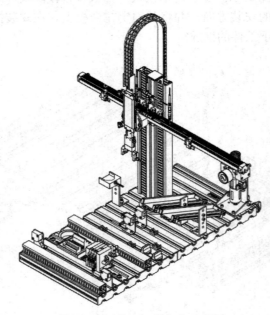

图 2.1.21　整站组装完成示意图

四、操作手单元的调节与检测

在进行调试前，必须进行操作手单元的外观检查：电气连接、气源、机械元件是否有损坏现象、连接是否完好。

1．准备工作

操作手单元的调试与检测所需要的设备及装置如下：

➢ 24 V 的直流开关电源一个；

➢ 6 bar 的气源。

2．无杆缸末端位置的调节

无杆缸在运动过程中，分别会移动到支架、滑槽 1、滑槽 2 三个位置，支架和滑槽 2 的位置是通过无杆缸两端的缓冲器进行机械限位的。

操作步骤如下：

- 连接气抓手，不连接提升缸和无杆缸；
- 打开气源；(注意：气源最大工作气压为 4 bar。)
- 手动移动无杆缸至支架位置；
- 将工件放在支架上；
- 手动控制电磁阀，打开气抓手；
- 手动拉下提升缸至末端位置，使得气抓手能够安全抓到工件；
- 将无杆缸对应支架的末端位置固定；(注意：在安装缓冲器时，缓冲器缩回后的长度要与螺杆长度一致。)
- 手动移动无杆缸至"滑槽 2"的位置，气抓手要安全地将工件放入滑槽中。
- 将无杆缸对应滑槽 2 的末端位置固定；
- 关闭气源；
- 连接提升缸和无杆缸；
- 打开气源；
- 检查无杆缸的支架和滑槽 2 两个末端位置；
- 手动控制电磁阀来控制无杆缸、提升缸和气抓手。

操作完成。

3．传感器的调节

1) 支架上漫射式传感器的调节

漫射式传感器用于检测工件的颜色。漫射式传感器发出红外线可见光，检测被反射回来的光线，由于工件的表面颜色不同，被反射的光线亮度也不同。

操作步骤如下：

- 安装传感器；
- 连接光栅；
- 接通电源；
- 在支架上安装光电式传感器探头；
- 将光纤导线与光栅相连；

- 将黑色工件放在支架上；
- 用螺丝刀调节光栅的微动开关，直到指示灯亮；(注意：微动开关最多可以旋转12圈。)
- 将工件放在支架上。(注意：须保证传感器可以检测到所有的工件。)

操作完成。

2) 气抓手上漫射式传感器的调节

操作步骤如下：

- 安装 PickAlfa 模块和传感器；
- 连接气抓手；
- 打开气源；
- 连接光栅；
- 接通电源；
- 在气抓手的抓手上安装传感器探头，将其直接固定在抓手内侧；
- 将光纤导线与传感器相连；
- 将红色工件放在支架上，并用气抓手将其抓住；
- 用螺丝刀调节传感器的微动开关，直到指示灯亮；(注意：微动开关最多可以旋转12圈。)
- 检查传感器的设置。(注意：传感器应该可以检测到红色和金属工件，但不能检测到黑色工件。)

操作完成。

3) 无杆缸上磁性开关传感器的调节

磁性开关传感器用于控制无杆缸运动的末端位置。

操作步骤如下：

- 安装 PicAlfa 模块；
- 连接无杆缸；
- 打开气源；
- 连接磁性开关传感器；
- 接通电源；
- 手动控制电磁阀，将无杆缸调整到合适的工作位置；
- 按住传感器，沿着气缸的轴向方向移动传感器，直到指示灯(LED)亮；
- 在同一方向上继续移动传感器，直到指示灯(LED)熄灭；
- 将传感器调整到接通和关闭状态的中间位置；
- 用内六角扳手固定传感器；
- 启动系统，检查传感器是否位于正确的位置。

操作完成。

4) 提升缸磁性开关传感器的调节

操作步骤如下：

- 安装 PicAlfa 模块；
- 连接提升缸；

- 打开气源；
- 连接磁性开关传感器；
- 接通电源；
- 手动控制电磁阀，将无杆缸调整到合适的工作位置；
- 沿着气缸的轴向方向移动传感器，直到指示灯(LED)亮；
- 在同一方向上继续移动传感器，直到指示灯(LED)熄灭；
- 将传感器调整到接通和关闭状态的中间位置；
- 用内角扳手固定传感器；
- 启动系统，检查传感器是否位于正确的位置。

操作完成。

📖 思考与练习

1. 总结传感器的一些调整技巧。
2. 思考无杆缸移动速度的控制方法。

任务四　操作手单元的编程与调试

一、任务目标

(1) 根据工作任务，能在规定时间内完成操作手单元的结构调整。
(2) 能够正确绘制操作手单元气动原理图。
(3) 能够正确绘制操作手单元电气原理图。
(4) 能够完成控制程序的设计和调试。
(5) 能够解决结构调整与运行过程中出现的常见问题。

二、控制功能的描述

操作手单元配置了柔性 2 自由度提取装置，光电式传感器对放置在支架上的工件进行检测。提取装置上的气抓手将工件从该位置提起，其抓手上装有光电式传感器用于区分"黑色"和"非黑色"工件，并将工件根据检测结果放置在不同的滑槽中。本工作站可以与其他工作站组合，并定义其他的分类方法，工件可以被直接传送到下一工作站。

三、准备工作

操作手单元的编程与调试所需要的设备如下：
➢ 装有 GX 编程软件的 PC 一台；
➢ 三菱 FX 系列 PLC 一台及编程电缆一根；
➢ 安装调试好的供料单元一台。

四、控制任务动作流程的描述

本任务主要是编程控制操作手单元完成工件的传送分拣任务,具体动作流程如图2.1.22所示。

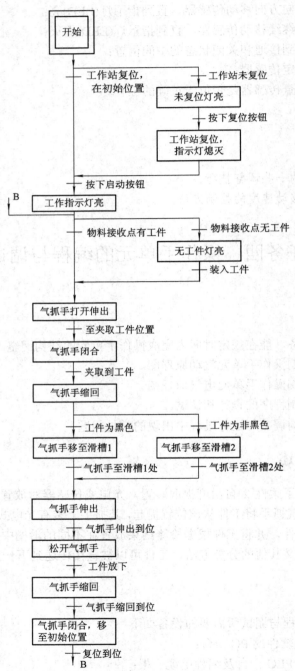

图 2.1.22 操作手单元动作流程图

五、气动控制回路

操作站上的所有气管按照安装技术要求插接到阀岛上，其气动控制回路图如图 2.1.23 所示。

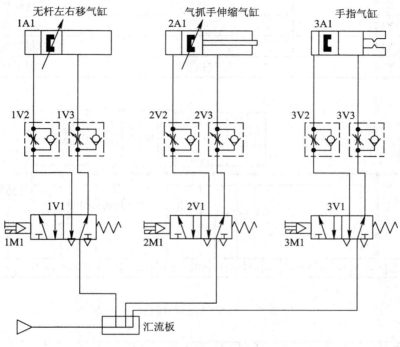

图 2.1.23　操作手单元气动控制回路图

六、PLC 的 I/O 接线及分配

操作手单元中，提供的 PLC 为 FX$_{3U}$-32MT，共 16 点输入、16 点晶体管输出。表 2.1.2 给出了 PLC 的 I/O 表，I/O 接线原理图如图 2.1.24 所示。

表 2.1.2　操作手单元 PLC 的 I/O 表

PLC 的 I/O 地址	连接的外部设备	在控制系统中的作用
X5	启动按钮	启动系统
X6	停止按钮	停止系统
X7	复位按钮	系统复位
X10	无杆缸左限位检测传感器	无杆缸左限位
X11	滑槽 1 位置检测传感器	滑槽 1
X12	滑槽 2 位置检测传感器	滑槽 2
X13	物料台物件检测传感器	物料台物件检测
X14	气抓手伸出限位检测传感器	气抓手伸出限位
X15	气抓手缩回限位检测传感器	气抓手缩回限位

PLC 的 I/O 地址	连接的外部设备	在控制系统中的作用
X16	气抓手抓紧限位检测传感器	气抓手抓紧限位
Y10	无杆缸	无杆缸左移
Y12	无杆缸	无杆缸右移
Y14	气抓手	气抓手伸出
Y15	气抓手	气抓手缩回
Y16	气抓手	气抓手抓紧

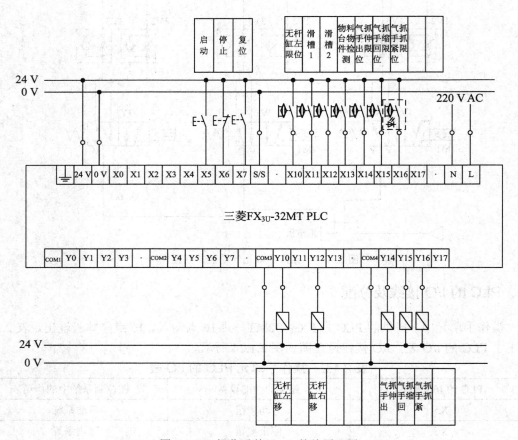

图 2.1.24　操作手单元 I/O 接线原理图

具体的 PLC 程序，读者可以根据动作流程图、规划好的 PLC 输入、输出分配表及接线原理图自行进行编制，最后再进行调试与运行。

📖 思考与练习

1. 总结电气原理图的绘制方法。

2. 思考：在运行过程中，工件不能准确放入滑槽中的原因及解决方法是什么？

任务五　供料单元与操作手单元两站连接编程与调试

一、任务目标

(1) 根据工作任务，能在规定时间内完成两站的结构调整。

(2) 能够完成控制程序的设计和调试。

(3) 能够解决在结构调整与运行过程中出现的常见问题。

二、控制功能的描述

供料单元和操作手单元机械结构单独调整完成后，通过连接扣将两站连接在一起，使用 I/O 模拟盒调整电气连接和机械连接。在本工作任务中，采用三种不同颜色的工件(黑色、红色和银色)，将工件从第一站(供料单元)直接传送到第二站(操作手单元)，并在操作手单元区分不同颜色的工件，将其放入对应的滑槽中。不同颜色工件放置位置表如表 2.1.3 所示。

表 2.1.3　不同颜色工件放置位置表

工件	滑槽 1	滑槽 2
黑色		√
红色		√
银色	√	

三、控制功能的要求

1. 供料单元初始位置

➢ 料仓推杆回缩(双作用气缸伸出)；

➢ 摆臂位于料仓位置；

➢ 真空吸盘断开；

➢ 料仓中没有工件。

2. 操作手单元初始位置

➢ 气抓手夹紧；

➢ 气抓手伸到上位；

➢ 气抓手在滑槽 2 上方。

3. 控制的特殊要求

(1) 下一站(操作手单元)通过发送一个忙碌信号给上一站(供料单元)来实现一个安全的工件传送，忙碌信号的传递通过传感器信号传递的方式来实现，不需要搭建 PLC 控制系统网络。整个生产线只能通过供料单元站上的启动、停止按钮控制生产线工作过程，其他站上的操作按钮不能在本任务中使用。

(2) 在两站工件传送的过程中无需使用操作手单元上的摆放平台模块中转工件，而是直接将工件从摆臂吸盘上传送给气抓手，因此当供料单元中的摆臂摆动到操作手单元时，摆臂上的吸盘口需要垂直向上，使得工件能够放置在吸盘上方，这样有利于操作手单元的气抓手抓取。

4．动作流程图

本任务主要是利用编程控制供料单元和操作手单元，从而实现两站的实时通信，并完成工件的传送分拣任务，其具体动作流程如图2.1.25所示。

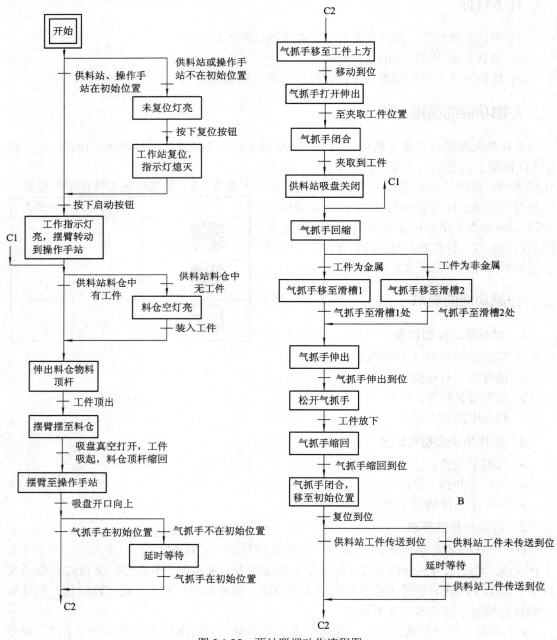

图 2.1.25　两站联调动作流程图

四、主要任务

根据控制功能的要求完成如下任务：

(1) 规划 PLC 的 I/O 分配及接线端子分配。

(2) 根据任务要求进行系统机械结构的调整。

(3) 进行系统安装的接线。

(4) 按控制要求编制 PLC 程序。

(5) 进行系统的调试并运行。

思考与练习

1. 总结检查气动连线、传感器接线、I/O 检测及故障排除方法。

2. 如果需要考虑紧急停止等因素，程序应如何编制？

3. 如果生产线在工作过程中出现失控的状态，应该怎么处理？

项目二 变频调速控制系统集成

一、项目概述

本项目的设备对象是由三菱 FX_{3U}-32MT 型 PLC、FX_{0N}-3A 模拟量模块、三菱 FR-E740 变频器、昆仑通泰触摸屏 TPC-7062K 以及三相异步电动机负载组成的变频调速控制系统。通过完成本项目的各项任务，可以掌握变频器的一般操作方法，学会利用 PLC 和变频器组成综合性的变频调速系统，通过加入人机界面进一步丰富项目的内容，完善系统的控制功能。

二、项目内容

本项目主要完成的任务包括变频调速系统的安装调试及运行，包含变频调速控制系统的组装与检查、变频器的速度给定控制、变频器控制三相异步电动机的正、反转三个子任务，以及变频器综合控制系统的安装调试与运行，含 PLC 控制变频器的多段速度运行，触摸屏、PLC 与变频器综合控制系统的应用两个子任务。

任务一 变频调速控制系统的组装与检查

一、任务目标

(1) 了解变频调速控制系统的组成，包括设备组成、动力电源的布线、电动机负载等内容。

(2) 了解电气控制设备的安装步骤。

(3) 读懂主电路原理图，并能按照原理图在网孔板上进行组装接线。

(4) 掌握设备运行前的检查方法。

二、所需的设备及元件

组装变频调速控制系统所需的设备及元件有：三菱 FX_{3U}-32MT 型 PLC、模拟量混合模块 FX_{0N}-3A、三菱 FR-E740 变频器、开关电源、常规低压电器(开关电源、按钮盒)以及三相异步电动机负载。以上设备及元件(电动机除外)需安装在网孔板上。

需组装的控制设备及电动机负载如图 2.2.1 所示。

(a) 三菱 FX$_{3U}$-32MT/ES-A 型 PLC　(b) FX$_{0N}$-3A 型模拟量模块　　　　(c) TCP-7062K 型触摸屏

(d) FR-E740-0.75K-CHT 型变频器　(e) NES-100-24 型开关电源　(f) 80YS25GY38 型三相异步电动机负载

图 2.2.1　控制设备及电动机负载

三、设备的布局

根据安全、整齐、美观、对称、方便的安装和配线原则来确定各元件及设备的安装位置，并绘制布局图。绘图时，应按照一定的尺寸比例来绘制元件外形轮廓，以其轴线为基准标注各间距尺寸，并以此作为安装的依据。本系统设备布局示意图如图 2.2.2 所示。

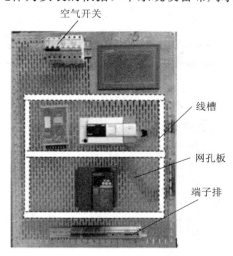

图 2.2.2　设备布局示意图

四、设备的组装与接线

1. 设备安装前的准备

(1) 检查需要安装的电气设备是否完好，了解其型号、规格及技术数据，如额定电压、额定电流、额定功率等；检查空气开关通断是否正常。

(2) 确定设备的安装方式，配齐安装所需的安装辅材，如导轨、线槽、导线、安装螺栓等。

(3) 准备好所需的工具，并将工具整齐摆放在指定区域。

2. 设备的组装

(1) 根据布局图测量好导轨和线槽的尺寸，将其按照要求截断后固定于网孔板上的相应位置。

(2) 将空气开关、PLC 及模拟量模块安装在导轨上。PLC 的安装步骤如下：

第一步：将 PLC 背面的安装导轨用挂钩推出，如图 2.2.3 所示。

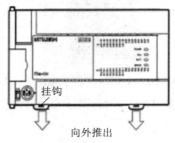

图 2.2.3　PLC 安装步骤一

第二步：将安装沟槽的上侧对准并挂到导轨上，如图 2.2.4 所示。

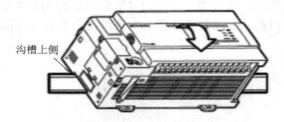

图 2.2.4　PLC 安装步骤二

第三步：将安装导轨用挂钩锁住，如图 2.2.5 所示。

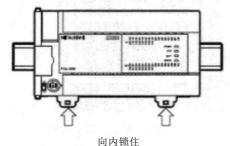

图 2.2.5　PLC 安装步骤三

(3) 将开关电源固定在网孔板上。

(4) 将变频器安装固定在网孔板上，固定方法如图 2.2.6 所示。

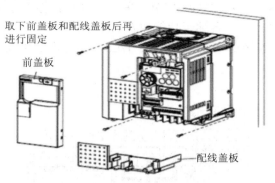

取下前盖板和配线盖板后再进行固定

前盖板

配线盖板

图 2.2.6 变频器的固定安装

3. 设备的接线

(1) 按照从上到下的原则接线，先接控制电路，再接主电路。拧紧接线端时要用力适中，以轻轻拉导线不能拉开为宜。

(2) 控制电路接线，将所有控制线均引出到网孔板的接线端子排上。控制电路线两端应套有线号管，并压接冷压端子。线路要接成树枝形，不允许接成网状或者架空连接，也不允许飞线，且每接一根线都要及时整理好，最后要用尼龙扎带捆扎好。接线要横平竖直、整齐美观。

(3) 按照图 2.2.7 所示主电路原理图连接 PLC、开关电源及触摸屏电源。

注意：空气开关上方为进线，下方为出线。主电路线要一目了然、整齐美观。

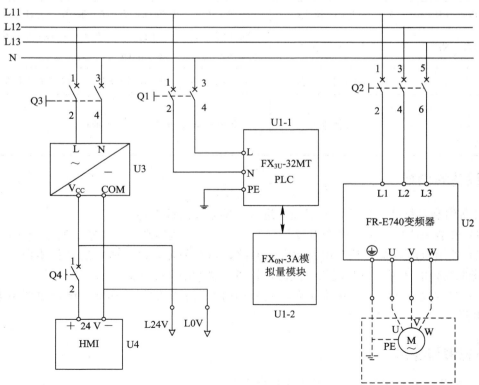

图 2.2.7 主电路原理图

(4) 连接变频器主电路。FR-E740-0.75K-CHT 变频器主电路接线端子排列及其与电源、电动机的接线如图 2.2.8 所示，各端子功能如表 2.2.1 所示。

注意：电源线必须连接至 R/L1、S/L2、T/L3，绝对不能接 U、V、W，否则会损坏变频器。

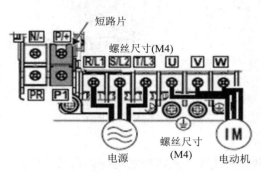

图 2.2.8　变频器主电路接线端子排列

表 2.2.1　变频器主电路端子功能说明

端子标号	端子名称	端子功能说明
R/L1、S/L2、T/L3	交流电源输入	连接工频电源
U、V、W	变频器输出	连接三相鼠笼电动机
P/+、PR	制动电阻器连接	在端子 P/+—PR 间连接选购的制动电阻器(FR-ABR)
P/+、N/-	制动单元连接	连接制动单元(FR-BU2)、共直流母线变流器(FR-CV)以及高功率因数变流器(FR-HC)
P/+、P1	直流电抗器连接	拆下端子 P/+—P1 间的短路片，连接直流电抗器
⏚	接地	变频器机架接地用(必须接大地)

五、设备的检查

设备组装及接线完成后，要对设备进行一些必要的检查：

(1) 安装完成后，再次检查电设备有无损坏，检查接线端有无少接、漏接导线。

(2) 使用万用表检查整个电路中有无开路、短路故障。可把所有的开关闭合，直接在电源进线端测量是否有短路现象。注意，检查时必须断开电源。

(3) 注意检查接线是否正确无误，充分利用万用表的欧姆挡功能，结合原理图进行电路的检测。

📖 **思考与练习**

1. 组装电气控制装置的一般步骤是什么？

2. 如果误将变频器的输出线接工频电源，会产生什么后果？

任务二　变频器的速度给定控制

一、任务目标

(1) 了解变频器速度给定的方式。
(2) 掌握用操作面板给定速度的方法。
(3) 掌握模拟量给定速度的方法。
(4) 了解模拟量给定值与变频器运行速度之间的关系。

二、所需的设备及元件

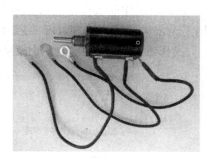

(1) 三菱 FR-E740-0.75K-CHT 变频器(安装于网孔板上)。
(2) 开关电源(安装于网孔板上)。
(3) 三相异步电动机。
(4) 电位器(如图 2.2.9 所示)。
(5) 万用表。

图 2.2.9　电位器

三、原理电路

如图 2.2.10 所示,L11、L12、L13 为三相 380 V 电源进线,Q2 为空气开关断路器,M 为三相异步电动机。图 2.2.10(a)所示电路由变频器自身提供 5 V 电压,是本机模拟量给定方式,给定电压范围为(0~5) V DC;在图 2.2.10(b)所示电路中,L24V、L0V 为来自开关电源的 24 V DC 电压端子,由开关电源提供电压进行变频器速度给定,给定电压范围为(0~10)V DC。

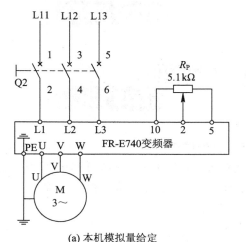

(a) 本机模拟量给定

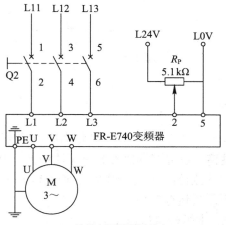

(b) 外部电源模拟量给定

图 2.2.10　原理电路图

四、任务实施

了解任务目标后，检查使用到的设备元件是否齐全，准备好接线工具，读懂原理图，并根据原理图正确接线。任务实施的具体步骤如下：

(1) 按图 2.2.10(a)进行外部连线(变频器的主电路输出线和控制线已经引出到网孔板的端子排上，因此在接线时不需打开变频器的面板进行接线，只要将电动机线直接接到相应的端子上，并确认相应的线号即可)。

(2) 确认接线正确无误、连接可靠后，将变频器上电。

(3) 将变频器恢复初始设置，操作步骤参见第一篇中图 1.4.12 所示。

(4) 根据电动机的额定参数设置基准电压和基准频率(Pr.3、Pr.19)。

(5) 用操作面板设定运行频率并启动电动机运行。操作模式选择 PU 模式，Pr.79=0(默认)，设定运行频率为 30 Hz 并启动电动机，具体操作步骤如图 2.2.11 所示。

操作者可自行改变变频器的频率设定值，体会面板设定频率的功能。

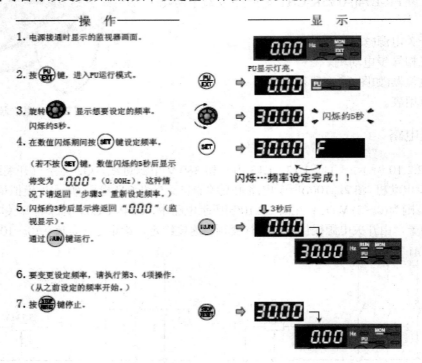

图 2.2.11　面板控制电动机运行操作步骤

注意：设置变频器参数时无法切换至 PU 运行模式，需要先将参数 Pr.79 运行模式设定为"0"初始值。设置操作时，第(3)到第(4)步需要在 5 s 内操作完成，否则变频器不能正确设定所需的运行频率。

(6) 本机模拟量速度给定。

① 将操作运行模式选择为"组合运行模式 2(Pr.79 = 4)"，即由外部输入信号(端子 2、4、JOG、多段速选择等)设定运行频率，由操作面板启动运行。在此模式下，"EXT"和"PU"

状态指示灯都点亮。

② 确认变频器"模拟量输入选择(Pr.73 = 1)"和"端子 2 输入增益(最大)的频率(Pr.125 = 50 Hz)",与图 2.2.10(a)所示电路中的(0~5) V 模拟电压从端子 2 输入一致。

③ 旋动电位器 R_P 至零位,用万用表测量端子 2 和端子 5 间的电压为 0 V。按下"RUN"键启动变频器,由于此时电位器的输出电压为零,因此电动机不运转。

④ 旋动电位器 R_P,使输出电压增加,直至最大 5 V DC 输出。用万用表测量端子 2 和端子 5 之间的电压,观察并记录输出频率。按下"RUN"键启动变频器,使电动机运行。

(7) 外部电源模拟量速度给定。

① 按照图 2.2.10(b)所示电路接线。

② 设定模拟量输入范围(0~10) V DC(参数 Pr.73 = 0),旋动电位器 R_P 使输出电压增加,直至最大 10 V DC 输出。用万用表测量端子 2 和端子 5 之间的电压,观察并记录输出频率。按下"RUN"键启动变频器,使电动机运行。

③ 设定 Pr.125=60 Hz,重复上述步骤②,观察变频器输出频率的变化。

④ 保持电位器的位置,将 Pr.125 的设定值调整为 68 Hz,记录同样模拟量输出情况下的变频器的频率输出。

(8) 完成以上操作步骤后,将变频器的设定参数恢复到初始值。

📖 思考与练习

1. 如果从端子 4 进行模拟电压输入,在硬件接线上有何改动?需要设置哪些参数?
2. 如何用(4~20) mA 的电流给定变频器速度?
3. 如何实现模拟输入电压为(0~10) V DC 时,变频器输出频率范围为(10~60) Hz?

任务三 变频器控制三相异步电动机的正、反转

一、任务目标

(1) 掌握连接异步电动机负载的方法和步骤。
(2) 会用变频器操作面板控制异步电动机运行。
(3) 会用变频器外部端子控制异步电动机的正、反转。
(4) 了解变频器的停止方式。

二、所需的设备及元件

(1) 三菱 FR-E740-0.75K-CHT 变频器(安装于网孔板上)。
(2) 三相异步电动机。
(3) 输入/输出信号盒,如图 2.2.12 所示。

图 2.2.12　输入/输出信号盒

三、原理电路

如图 2.2.13 所示，SB01、SB02 为安装在输入/输出信号盒上的自锁按钮，用于启动变频器的外部端子。其中，SB01 为正向启动，SB02 为反向启动。

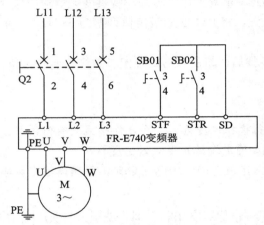

图 2.2.13　原理电路图

四、任务实施

(1) 按图 2.2.13 进行外部连线。

(2) 确认接线正确无误、连接可靠后，将变频器上电。

(3) 将变频器恢复初始设置。

(4) 根据电动机的额定参数设置基准电压和基准频率(Pr.3、Pr.19)。

(5) 用端子控制电动机的正、反转运行(2 线制)。

① 将操作运行模式选择为"外部组合运行模式 1(Pr.79=3)"。本任务中由操作面板设定运行频率，外部端子控制电动机的启动和停止。此时，"EXT"和"PU"状态指示灯都点亮。

② 由操作面板设置电动机的运行频率为 50 Hz，设置步骤如图 2.2.11 所示。

③ 按下自锁按钮 SB01，电动机正转运行，运行状态显示"FWD"，断开 SB01，电动机停止运行；按下自锁按钮 SB02，电动机反转运行，运行状态显示"REV"，断开 SB02，电动机停止运行。这种方式下，Pr.250 为默认初始值"9999"。

④ 将 Pr.250 的值设为"8888"，再次按下自锁按钮 SB01，电动机正转，断开 SB01，电动机反转；按下 SB02，电动机不转；同时按下 SB01 和 SB02 时，电动机反转。

反复体会上述两种运行方式。

⑤ 改变加减速时间(Pr.7、Pr.8)，观察电动机的速度变化情况。按"SET"键，操作面板监视器切换到电流显示，观察不同加减速时间下的电流变化。

⑥ 将 Pr.250 的值设为"20 s"，观察用自锁按钮 SB01、SB02 控制电动机正、反转运行的方式有无变化。注意观察启动信号"OFF"后，变频器输出频率的变化与上述步骤③中有何不同。

(6) 完成以上操作步骤后，将变频器的设定参数恢复到初始值。

📖 **思考与练习**

1. 如果采用 3 线控制电动机的正、反转，在硬件接线上将会有何改动？需要设置哪些参数？

2. 改变变频器的加减速时间，观察电动机的启动电流、停机电流会发生什么变化？有何实用意义？

3. 变频器有哪几种停止方式？如何设置 FR-E740-0.75K-CHT 变频器的停止方式？

任务四　PLC 控制变频器的多段速度运行

一、任务目标

(1) 掌握变频器多段速度运行的实现方法。

(2) 掌握 PLC 与变频器的接线方法。

(3) 会用 PLC 控制变频器实现所需的控制功能。

二、所需的设备及元件

(1) 三菱 FR-E740-0.75K-CHT 变频器(已安装于网孔板上)。

(2) 三菱 FX$_{3U}$-32MT PLC(已安装于网孔板上)。

(3) 输入/输出信号盒。

(4) 三相异步电动机。

三、原理电路

1. 变频器的十五段速度运行

在外部运行模式或外部/PU 组合运行模式下，变频器可以通过外接开关器件的通断组合来改变输入端子的状态，从而实现多种频率的输出。如图 2.2.14 所示，SB01～SB06 所接的 6 个端子可实现十五段速度的正、反转运行。SB01 用于正转启动，SB02 用于反转启动,SB03～SB06 用于十五段速度选择。在图 2.2.14 中,SB06 所接 REX 端子由参数 Pr.180～Pr.186 进行分配。不同的速度段,变频器各端子状态及参数的对应关系如表 2.2.2 所示。

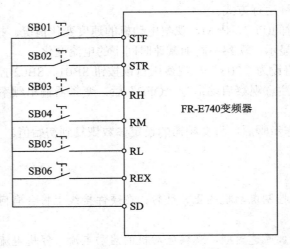

图 2.2.14　十五段速度运行原理电路

表 2.2.2　端子状态及参数表

端子状态				参数	频率
REX	RH	RM	RL		
0	1	0	0	Pr.4	f_1
0	0	1	0	Pr.5	f_2
0	0	0	1	Pr.6	f_3
0	0	1	1	Pr.24	f_4
0	1	0	1	Pr.25	f_5
0	1	1	0	Pr.26	f_6
0	1	1	1	Pr.27	f_7
1	0	0	0	Pr.232	f_8
1	0	0	1	Pr.233	f_9
1	0	1	0	Pr.234	f_{10}
1	0	1	1	Pr.235	f_{11}
1	1	0	0	Pr.236	f_{12}
1	1	0	1	Pr.237	f_{13}
1	1	1	0	Pr.238	f_{14}
1	1	1	1	Pr.239	f_{15}

2. PLC 控制变频器多段速度运行

　　了解了变频器多段速的运行原理后,下面通过实际案例来学习 PLC 控制变频器多段速运行的实施过程。

案例：某刨床工作台电动机由变频器拖动，用 PLC 控制变频器实现如图 2.2.15 所示速度。

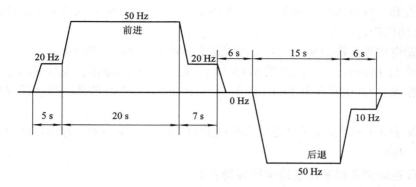

图 2.2.15　刨床工作台变频器运行速度时序图

分析：根据控制要求，变频器需要拖动电动机正、反转运行，可通过端子 STF 和 STR 来实现；变频器具有 20 Hz 和 50 Hz 两个运行速度，可通过端子 RH 和 RM 来实现。上述变频器输入端子接 PLC 输出点，具体接线如图 2.2.16 所示。

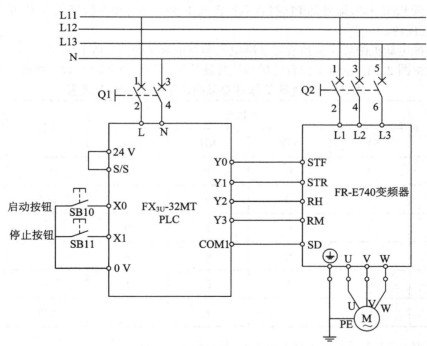

图 2.2.16　刨床工作台变频器原理电路图

四、任务实施

1. 变频器的十五段速度运行实施步骤

(1) 按图 2.2.14 进行外部连线，SB06 接 MRS 端子。

(2) 确认接线正确无误、连接可靠后，将变频器上电。

(3) 将变频器恢复初始设置。

(4) 设置 Pr.179=3，即外部/PU 组合运行模式 1，频率运行由多段速度设定，用端子 STF、STR 控制电动机的正、反转。

(5) 根据电动机的额定参数设置基准电压和基准频率(Pr.3、Pr.19)。

(6) 设置 Pr.183=8，将变频器的 MRS 端子功能转换成多速段控制端 REX。

(7) 根据表 2.2.3 设置参数 Pr.4、Pr.5、…、Pr.238、Pr.239 的值，也就是变频器的十五段速度。

(8) 根据表 2.2.3 所示端子状态闭合相应的自锁按钮，观察频率输出，体会变频器的多段速度运行功能。

2. PLC 控制变频器多段速度运行实施步骤

(1) 明确刨床工作台变频器控制要求。

(2) 确定 PLC 控制变频器多段速度运行的控制方法。

(3) 按照图 2.2.16 电路图接线，并确认接线正确无误、连接可靠后，将变频器上电。

(4) 将变频器恢复初始设置。

(5) 设置 Pr.179=3，即外部/PU 组合运行模式 1，频率运行由多段速度设定，用端子 STF、STR 控制正反转。

(6) 根据电动机的额定参数设置基准电压和基准频率(Pr.3、Pr.19)。

(7) 根据图 2.2.15 刨床工作台变频器运行速度时序图设置各项参数，如表 2.2.3 所示。

表 2.2.3　刨床工作台变频器端子状态及参数设置

时间段	端子状态				参数	频率
	STF	STR	RH	RM		
T_1(5 s)	1	0	1	0	Pr.4	20 Hz
T_2(20 s)	1	0	0	1	Pr.5	50 Hz
T_3(7 s)	1	0	1	0	—	20 Hz
T_4(6 s)	0	0	0	0	—	0 Hz
T_5(15 s)	0	1	0	1	—	50 Hz
T_6(6 s)	0	1	1	1	Pr.26	10 Hz

(8) 根据表 2.2.3 所示端子状态编写程序，并下载运行。

完成以上任务后，将变频器的设定参数恢复到初始值。

📖**思考与练习**

1. 变频器自身具有程序运行功能，即变频器能够按照预设的时间、运行频率和旋转方向在内部定时器的控制下自动执行运行操作。查阅相关变频器操作手册，用程序运行功能实现图 2.2.15 所示刨床工作台电动机速度控制。

2. 在图 2.2.16 所示电路中，变频器是漏型输入还是源型输入？是否可以换成另外一种输入方式？这种方式有什么缺点？

任务五　触摸屏、PLC 与变频器综合控制系统的应用

一、任务目标

(1) 进一步掌握 PLC 控制变频器运行的实现方法。

(2) 了解触摸屏、PLC 与变频器综合控制系统的应用。

(3) 会根据控制要求进行简单的触摸屏、PLC 与变频器综合控制系统集成。

二、所需的设备及元件

(1) 三菱 FR-E740-0.75K-CHT 变频器(已安装于网孔板上)。

(2) 三菱 FX$_{3U}$-32MT PLC(已安装于网孔板上)。

(3) 三菱 FX$_{0N}$-3A 模拟量模块(已安装于网孔板上)。

(4) 输入/输出信号盒。

(5) 电位器 2 个。

(6) 三相异步电动机。

三、原理电路

本任务主要使用"中央空调冷冻泵节能运行控制系统"训练触摸屏、PLC 与变频器的综合应用。

1. 控制要求

(1) 冷冻泵电动机由变频器驱动。

(2) 启动冷冻泵，频率为 50 Hz，30 s 后转入温差自动控制，变频器加速时间为 15 s，减速时间为 7 s。自动控制时，冷冻泵进水和出水温差与变频器运行频率之间的关系如表 2.2.4 所示。

表 2.2.4　冷冻泵进水和出水温度差 ΔT 与变频器频率 f 的对应关系

$\Delta T/℃$	0~1	1~2	2~3	3~4	>5
f/Hz	30	35	40	45	50

(3) 冷冻泵在频率为(20~25) Hz 运行时会出现严重的振荡现象，故变频器需避免在此段运行。

(4) 能手动和自动切换，手动时用按钮直接调节变频器的运行频率，在(30~50) Hz 范围内任意调节，每次调节量为 1 Hz。

(5) 能用触摸屏画面进行以上的控制和操作。

2. 控制要求分析

根据以上控制要求，确定冷冻泵控制系统框图如图 2.2.17 所示。温度传感器检测进水和出水温度，并由温度变送器转换成(0～10) V DC 电压输入模拟量模块的输入通道，模拟量转换成相应的数字量后由 PLC 读入。PLC 对进水温度和出水温度进行比较后，按照控制要求输出信号，该信号经过模拟量模块的输出通道转换成(0～10) V DC 电压来控制变频器运行。

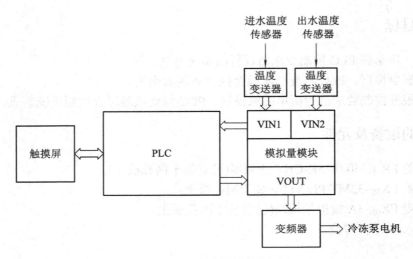

图 2.2.17　冷冻泵控制系统框图

3. I/O 地址分配

PLC 的 I/O 地址及模拟量输入/输出通道寄存器地址如表 2.2.5 所示。

表 2.2.5　I/O 地址及相关寄存器地址分配

端子	功能	寄存器地址	功能
X0	手动/自动切换开关	D1	输入通道 1 进水温度数字量
X1	冷冻泵启动按钮	D2	输入通道 2 出水温度数字量
X2	冷冻泵停止按钮	D10	温差数字量
X3	手动冷冻泵转速上升按钮	D100	输出通道数字量
X4	手动冷冻泵转速下降按钮	—	—
Y0	冷冻泵启动输出	—	—

4. 原理电路图

为在网孔板上进行功能调试，图 2.2.17 所示框图中的温度传感器及温度变送器由电位器模拟，R_{P1} 模拟进水温度检测信号，R_{P2} 模拟出水温度检测信号。原理电路图如图 2.2.18 所示。

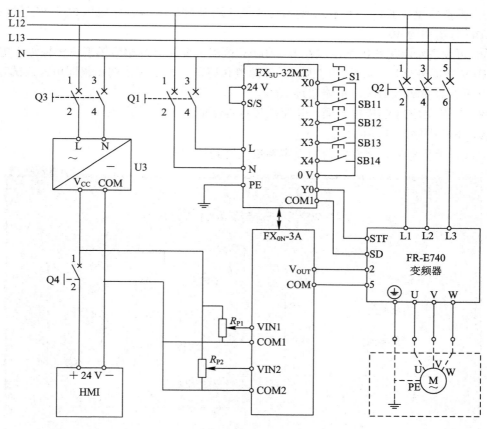

图 2.2.18　原理电路图

四、任务实施

本任务的实施步骤如下：

(1) 明确中央空调冷冻泵的控制要求。

(2) 确定 PLC 控制变频器多段速度运行的控制方法。

(3) 按照图 2.2.18 所示电路图接线，并确认接线正确无误、连接可靠后，将变频器上电。

(4) 将变频器恢复初始设置。

(5) 根据电动机的额定参数设置基准电压和基准频率(Pr.3、Pr.19)。

(6) 根据控制要求设置变频器各项参数。

外部操作模式：Pr.79=2；

外部模拟电压(0~10) V DC 输入：Pr.73=0；

上限频率：Pr.1=50；

(20~25) Hz 频率跳变设置(避开机械共振点)：Pr.31=25，Pr.32=30。

(7) 编写 PLC 程序，并下载调试运行。

在此过程中，要注意以下两点：

① 模拟量模块 FX_{0N}-3A 输入/输出为 8 位二进制数，(0～10) V 电压对应数字量范围是 0～250，分辨率为 40 mV。

② 可设进水温度和出水温度在(0～100)℃范围内变化时，相应模拟量模块输入电压在 (0～10) V 之间变化，实际应用时根据具体温度传感器的范围按比例调整即可。调试时，注意用万用表监测输入电压，不能超过 10 V。

(8) 制作 MCGS 触摸屏画面，其模拟运行画面如图 2.2.19 所示。

(9) 下载程序，并联机调试。

完成以上任务后，将变频器的设定参数恢复到初始值。

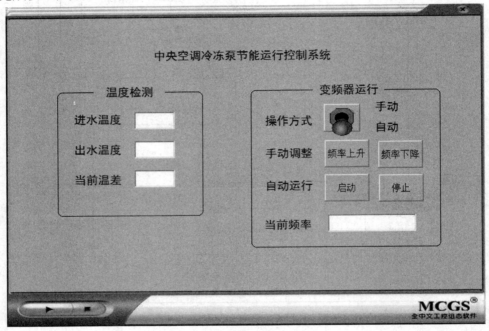

图 2.2.19 触摸屏模拟运行画面

思考与练习

1. 查阅三菱《FR-E700 使用手册》，了解跳变频率设定的方法及意义。
2. 查阅三菱《FX 系列特殊功能模块用户手册》，了解模拟量模块 FX_{0N}-3A 的使用方法。
3. 总结触摸屏、PLC 与变频器综合控制系统集成的方法与操作步骤。

项目三 单轴伺服控制系统集成

一、项目概述

本项目的设备对象包括伺服驱动器、伺服电机及丝杆。主要通过 PLC 控制伺服驱动器完成速度、转矩和位置控制模式的运行。

二、项目内容

本项目主要使用单轴伺服控制系统设备完成四项任务，分别是单轴伺服控制系统的组装与检查；单轴伺服控制系统的速度控制模式运行；单轴伺服控制系统的转矩控制模式运行；触摸屏、PLC 与伺服驱动器综合控制系统的应用。

任务一 单轴伺服控制系统的组装与检查

一、任务目标

(1) 了解单轴伺服控制系统的组成，包括设备组成、动力电源的布线、电动机负载等。
(2) 熟悉电气控制设备的安装步骤。
(3) 读懂主电路原理图，并能按照原理图在网孔板上进行组装、接线。
(4) 掌握设备运行前的检查方法。

二、所需的设备及元件

组装伺服控制系统所需的设备及元件：三菱 FX_{3U}-32MT PLC、松下伺服驱动器 MADHT1507E、开关电源、常规低压电器(开关电源、按钮盒)以及松下 MHMD022P1U 伺服电动机负载。以上设备均安装在网孔板上。

本任务中使用的控制设备及电动机负载如图 2.3.1 所示。

(a) FX₃U-32MT/ES-A 型 PLC

(b) NES-100-24 型开关电源

(c) TCP-7062K 型触摸屏

(d) MADHT1507 型伺服驱动器

(e) 丝杆

(f) MHMD022P1U 型伺服电动机负载

图 2.3.1　控制设备及电动机负载

三、设备的布局

根据安全、整齐、美观、对称、方便安装和配线的原则确定各元件设备的安装位置，并绘制设备安装布局图。在绘图时，应按照一定的尺寸比例来绘制元件外形轮廓，以其轴线为基准标注间距尺寸，并将此尺寸作为安装的依据。

四、设备的组装与接线

1. 安装前的准备工作

(1) 检查需要安装的电气设备是否完好；了解其型号、规格及技术数据，如额定电压、额定电流、额定功率等；检查空气开关通断是否正常。

(2) 确定设备的安装方式；配齐安装所需的安装辅材，如导轨、线槽、导线、安装螺栓等。

(3) 准备好所需工具，并将工具整齐摆放在指定区域。

2. 设备的安装

(1) 根据设备安装布局图测量好导轨和线槽的尺寸，截断后固定在网孔板上相应的位置。

(2) 将空气开关、PLC 安装在导轨上。固定方法可参照项目二相关内容。

3. 接线

(1) 按照从上到下的原则进行接线，先接控制电路，再接主电路，拧紧接线端时要用力适中，以轻拉导线不能拉开为宜。

(2) 控制电路接线，将所有的控制线均引出到网孔板的接线端子排上。控制电路线两端应套有线号管，并压接冷压端子；要求接成树枝形，不允许接成网状或者架空连接，也不允许飞线，且每接完一根线须要整理好，同时用尼龙扎带捆扎好。线要接得横平竖直、整齐美观。

(3) 按照图 2.3.2 所示主电路原理图连接 PLC、开关电源及触摸屏电源。主电路接线要一目了然、整齐美观。

注意：空气开关上方为进线，下方为出线。

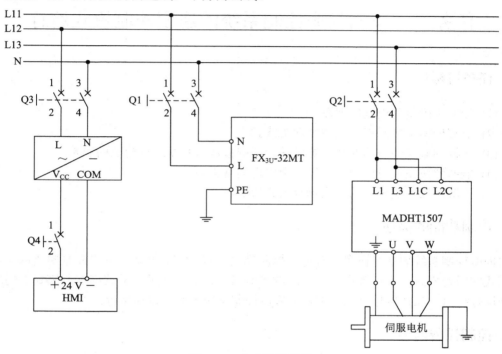

图 2.3.2　主电路原理图

(4) 连接伺服驱动器主电路。电源输入接口 220 V AC 电源连接到 L1、L3 主电源端子，同时连接到控制电源端子 L1C、L2C 上。

单轴伺服控制系统组装完成后的设备实物图如图 2.3.3 所示。

五、设备的检查

设备组装及接线完成后，要对设备进行一些必要的检查：

(1) 设备安装完成后，再次检查相关设备有无损坏，检查接线端有无少接或漏接导线。

(2) 使用万用表检查整个电路有无短路、开路等故障。可把所有的开关闭合，直接在电源进线端测量是否有短路现象(注意：不要通电)。

图 2.3.3　设备实物图

(3) 检查接线是否正确无误，利用万用表欧姆挡的功能，结合原理图进行电路检测。

📖 **思考与练习**

1. 组装电气控制装置的一般步骤是什么？
2. 常用的设备故障检查工具有哪些？

任务二 单轴伺服控制系统的速度控制模式运行

一、任务目标

(1) 能够正确绘制电气原理图。
(2) 能够根据电气原理图完成硬件接线。
(3) 掌握伺服驱动器的参数设置要求，了解参数对系统运行情况的影响。
(4) 能够解决系统设计与运行过程中出现的常见问题。
(5) 了解速度控制模式的使用场合及其特点。

二、控制功能的描述

伺服控制系统的功能很多，有速度控制模式、转矩控制模式、位置控制模式以及这三种模式的组合模式。本任务主要练习速度控制模式，通过实训理解速度控制模式下伺服电机的运行特点；在速度控制模式下，能完成控制系统的 8 段调速运行。

三、控制任务内容

正确设置伺服驱动器的参数，编写 PLC 程序，控制系统在速度控制模式下完成 8 段调速运行。

四、任务实施

1. 画电气原理图并接线

画出控制系统速度控制模式的电气原理图并据此进行接线。系统电气原理图可参考图 2.3.4。

2. 伺服驱动器参数的设置

首先将伺服驱动器参数设置为 Pr0.01=1(速度模式)和 Pr5.04 =1(驱动禁止输入设定)，然后再设置和速度相关的参数。

伺服驱动器速度控制有两种方式：一种是通过上位控制器输入模拟速度指令；另一种是通过伺服驱动器内部设定的内部速度指令。速度控制方式框图如图 2.3.5 所示。

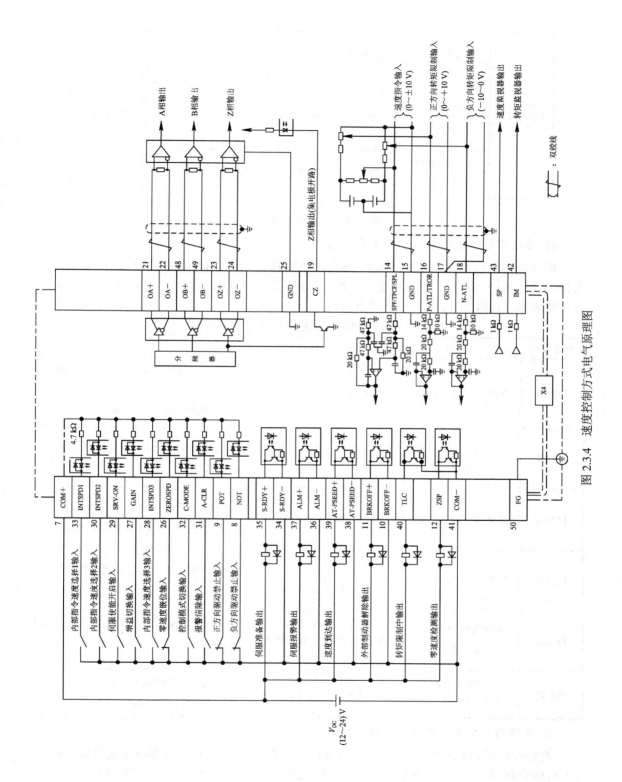

图 2.3.4 速度控制方式电气原理图

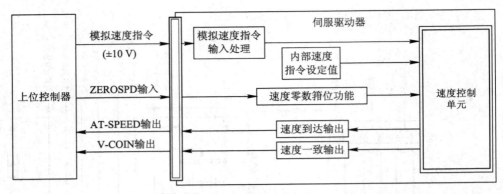

图 2.3.5　速度控制方式框图

1) 通过模拟速度指令进行的速度控制

伊服驱动器将模拟速度指令输入(电压)进行 AD 转换后，作为数字值读取，并将该值作为速度指令值进行转换。模拟速度指令进行的速度控制参数设置如表 2.3.1 所示。注意：不要在输入端子(SPR)加 ±10 V 以上的电压。

表 2.3.1　模拟速度指令的速度参数设置

参数号码	参数名称	设定范围	单位	功能
Pr3.00	速度设定内外切换	0～3	—	选择速度控制模式下的速度指令方式 0：模拟速度指令(SPR)
Pr3.01	速度指令方向指定选择	0～1	—	选择速度指令的正方向/负方向的指定方法
Pr3.02	速度指令输入增益	10～2000	(r/min)/V	设定从模拟速度指令(SPR)施加的电压到电动机速度指令的变换增益
Pr3.03	速度指令输入反转	0～1	—	设定模拟速度指令(SPR)施加的电压极性
Pr4.22	模拟输入 1(AI1)零漂设定	−5578～5578	0.359 mV	设定加在模拟输入 1 电压的零漂调整值
Pr4.22	模拟输入 1(AI1)滤波器	0～6400	0.01 ms	设定加在模拟输入 1 电压的 1 次延迟滤波器的时间常数

2) 通过内部速度指令进行的速度控制

根据参数所设定的内部速度指令值进行速度控制。通过使用内部指令速度选择端子 1～3 (INTSPD1～3)，可以在最多 8 个内部速度指令设定值中进行选择。内部速度指令进行的速度控制参数设置如表 2.3.2 所示。

表 2.3.2 内部速度指令的速度控制参数设置

参数号码	参数名称	设定范围	单位	功　能
Pr3.00	速度设定内外切换	0～3	—	选择速度控制模式下的速度指令方式 1～3：内部速度设置
Pr3.01	速度指令方向指定选择	0～1	—	选择速度指令的正方向/负方向的指定方法
Pr3.04	速度设置第 1 速			设定内部指令速度的第 1 速
Pr3.05	速度设置第 2 速			设定内部指令速度的第 2 速
Pr3.06	速度设置第 3 速			设定内部指令速度的第 3 速
Pr3.07	速度设置第 4 速	−20 000 ～ 20 000	r/min	设定内部指令速度的第 4 速
Pr3.08	速度设置第 5 速			设定内部指令速度的第 5 速
Pr3.09	速度设置第 6 速			设定内部指令速度的第 6 速
Pr3.10	速度设置第 7 速			设定内部指令速度的第 7 速
Pr3.11	速度设置第 8 速			设定内部指令速度的第 8 速

3. 伺服控制系统启动运行的步骤

(1) 连接连接器 X4。

(2) 接入控制用信号(COM+，COM−)的电源(24 V DC)。

(3) 接通电源(伺服驱动器)。

(4) 检查参数的标准设定值。

(5) 接通输入 SRV-ON(X4-29)和 COM−(X4-41)，开启伺服使能，使电动机进入励磁状态。

(6) 手动控制伺服驱动器运行，并利用监视器模式查看电动机转速。接通电源后，可通过参数 Pr5.28 选择初始状态中前面板七段 LED 数码管所显示的值。Pr5.28 参数的具体设置如表 2.3.3 所示。

表 2.3.3 Pr5.28 参数的设置

设定值	内　容	设定值	内　容	设定值	内　容
0	位置指令偏差	8	外部光栅尺反馈脉冲总和	15	过载率
1	电动机速度(Pr5.28 的出厂设定值)	9	控制模式	16	惯量比
2	位置指令速度	10	输出/输入信号状态	17	不旋转的原因
3	速度控制指令	11	模拟输入值	18	输出/输入信号变化次数的显示
4	转矩指令	12	错误原因及历史记录	20	绝对式编码器数据
5	编码器反馈脉冲总和	13	警告编号	21	绝对式反馈光栅尺位置
6	指令脉冲总和	14	再生电阻负载率	22	编码器、反馈光栅尺通信异常次数监视器

0

设定值	内　容	设定值	内　容	设定值	内　容
23	通信用轴地址	27	PN 间电压	31	累积工作时间
24	编码器位置偏差[编码器单位]	28	软件版本	32	电机自动识别功能
25	反馈光栅尺偏差[反馈光栅尺单位]	29	驱动器制造编号	33	驱动器温度
26	混合偏差	30	电动机制造编号	35	安全状态监视器

(7) 重新设置以下参数以更换转速、旋转方向。可以更改 Pr3.00 的设定值选择模拟速度和内部速度方式，具体设置如表 2.3.4 所示。

表 2.3.4　Pr3.00 参数设置

参数号码	设定值	速度设置方法
Pr3.00	0	模拟速度指令(SPR)(出厂设定值)
	1	内部速度设置第 1 速～第 4 速(Pr3.04～Pr3.07)
	2	内部速度设置第 1 速～第 3 速(Pr3.04～Pr3.06)、模拟速度指令(SPR)
	3	内部速度设置第 1 速～第 8 速(Pr3.04～Pr3.11)

Pr3.00 设定值 1～3 状态与内部指令速度选择的关系见表 2.3.5。

表 2.3.5　内部速度设置与内部指令速度选择的关系

Pr3.00 设定值	内部指令速度选择 1 (INTSPD1)	内部指令速度选择 2 (INTSPD2)	内部指令速度选择 3 (INTSPD3)	速度指令选择
1	OFF	OFF	无影响	第 1 速
	ON	OFF		第 2 速
	OFF	ON		第 3 速
	ON	ON		第 4 速
2	OFF	OFF	无影响	第 1 速
	ON	OFF		第 2 速
	OFF	ON		第 3 速
	ON	ON		模拟速度指令
3	与 Pr3.00=1 相同		OFF	第 1 速～第 4 速
	OFF	OFF	ON	第 5 速
	ON	OFF	ON	第 6 速
	OFF	ON	ON	第 7 速
	ON	ON	ON	第 8 速

Pr3.01 选择速度指令的正方向/负方向的指定方法如表 2.3.6 所示。

表 2.3.6　Pr3.01 速度指令方向设置

参数号码	设定值	内部速度设定值 (第 1 速～第 8 速)	速度指令符号选择(VC-SIGN)	速度指令方向
Pr3.01	0	正	无影响	正方向
		负	无影响	负方向
	1	符号无影响	OFF	正方向
		符号无影响	ON	负方向

Pr3.03 选择速度指令输入反转设置如表 2.3.7 所示。

表 2.3.7　Pr3.03 的设置

参数号码	设定值		电机旋转方向
Pr3.03	0	非反转	「+电压」→「正方向」、「−电压」→「负方向」
	1	反转	「+电压」→「负方向」、「−电压」→「正方向」

(8) 设置参数调节加减速时间。针对速度指令输入的加减速过程,可以通过参数 Pr3.12 和 Pr3.13 设定加减速时间。在已输入梯形速度指令的情况下,设定速度指令达到 1000 r/min 的时间通过 Pr3.12 设定,速度指令从 1000 r/min 降到 0 r/min 的时间通过 Pr3.13 设定。

设定速度指令的目标值为 Vc[r/min],则加减速所需的时间可用以下公式计算。

$$加速时间[ms] = Vc/1000 \times Pr3.12 \times 1\ ms$$
$$减速时间[ms] = Vc/1000 \times Pr3.13 \times 1\ ms$$

为了降低加减速时的振动,也可使用 S 字加减速功能,即速度能以 S 曲线进行加减速变化。加减速时间详细设置见表 2.3.8。

表 2.3.8　加减速时间的设置

参数号码	参数名称	设定范围	单位	功　能
Pr3.12	加速时间设置	0～10 000	ms/(1000r/min)	设定针对速度指令输入的加减速处理的加速时间
Pr3.13	减速时间设置	0～10 000	ms/(1000r/min)	设定针对速度指令输入的加减速处理的减速时间
Pr3.14	S 字加减速设置	0～1000	ms	设定针对速度指令输入的加减速处理的 S 字时间

(9) 编写 PLC 程序,实现伺服系统的 8 段速度运行。

📖 **思考与练习**

1. 伺服速度控制模式适用于什么场合?
2. 伺服速度控制模式有什么特点?

任务三　单轴伺服控制系统的转矩控制模式运行

一、任务目标

(1) 能够正确绘制电气原理图。

(2) 能够根据电气原理图完成硬件接线。

(3) 理解伺服驱动器的参数设置要求，以及调节参数对系统运行情况的影响。

(4) 能够解决系统设计与运行过程中出现的常见问题。

(5) 了解转矩控制模式的使用场合以及转矩控制模式的特点。

二、控制功能的描述

伺服控制系统中转矩控制模式主要应用在对材质的受力有严格要求的缠绕和放卷的装置中，例如绕线装置或拉光纤设备，转矩的设定要根据缠绕半径的变化，随时更改以确保材质的受力不会随着缠绕半径的变化而改变。本任务实现单轴伺服控制系统的转矩控制模式运行，通过实训理解转矩控制模式下伺服电动机的运行特点。

三、控制任务内容

完成实训设备接线，设置伺服驱动器相关参数，实现单轴伺服控制系统转矩模式的运行。

四、任务实施

1. 画电气原理图并接线

画出转矩控制模式系统电气原理图，并按照原理图进行接线。系统电气原理图可参考图 2.3.6。

2. 参数的设置

首先设置 Pr0.01=2(转矩模式)和 Pr5.04 =1(驱动禁止输入设定)，然后再设置和转矩有关的参数。

根据模拟电压所指定的转矩指令进行转矩控制。在转矩控制中，除了转矩指令之外，还需要速度限制输入，将电动机的旋转速度控制在速度限制值以下。

在 A5 系列中，根据转矩指令/速度限制的不同有 3 种方式，由参数 Pr3.17 指定。其不同之处在于转矩指令输入源和速度限制输入源的不同组合，具体设置见表 2.3.9。

表 2.3.9　Pr3.17 转矩指令选择的方式及设置

参数号码	设定值	指令方式	转矩指令输入	速度限制输入
Pr3.17	0	转矩指令选择 1	模拟输入 1(AI1、分辨率　16 bit)	参数值(Pr3.21)
	1	转矩指令选择 2	模拟输入 2(AI2、分辨率　12 bit)	模拟输入 1(AI1、分辨率　16 bit)
	2	转矩指令选择 3	模拟输入 1(AI1、分辨率　16 bit)	参数值(Pr3.21、Pr3.22)

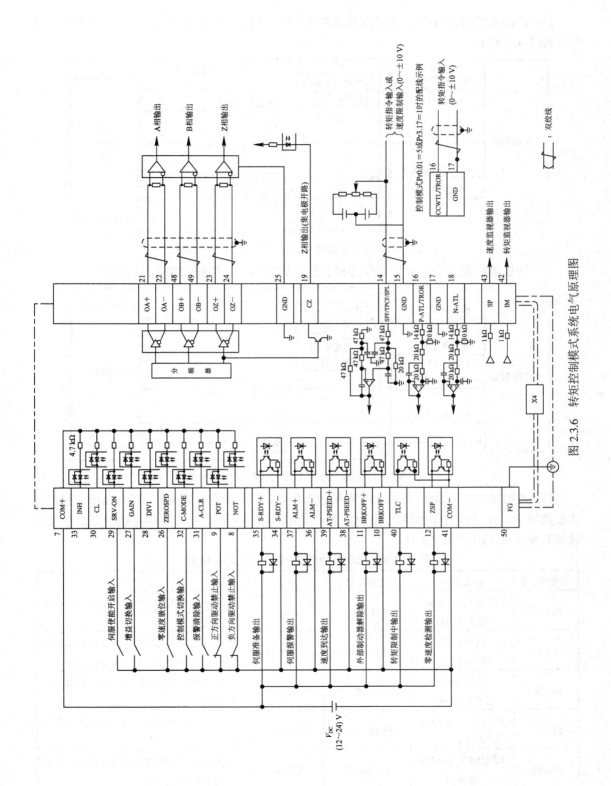

图 2.3.6 转矩控制模式系统电气原理图

(1) 在伺服控制系统中，使用转矩模式运行时，转矩指令选择 1、3 的转矩控制方式框图如图 2.3.7 所示。

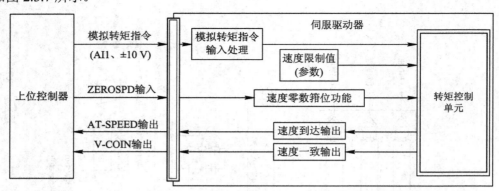

图 2.3.7　转矩指令选择 1、3 的转矩控制方式框图

(2) 转矩控制模式中，转矩指令选择 2 的转矩控制方式框图如图 2.3.8 所示。

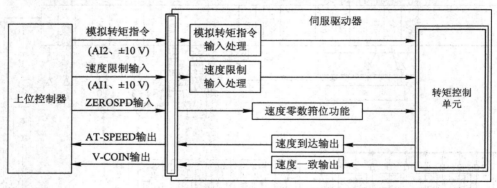

图 2.3.8　转矩指令选择 2 的转矩控制方式框图

(3) 模拟转矩指令输入处理。伺服驱动器将模拟转矩指令输入(电压)进行 AD 转换后，读取数字值，并将该值作为转矩指令值进行转换。转矩指令选择 1、3 和转矩指令选择 2 关联参数见表 2.3.10 和表 2.3.11。

表 2.3.10　转矩指令选择 1、3 关联参数

参数号码	参数名称	设定范围	单位	功能
Pr3.18	转矩指令方向指定选择	0~1	—	选择转矩指令的正方向/负方向的指定方法
Pr3.19	转矩指令输入增益	10~100	0.1 V/100%	设定加在模拟转矩指令(TRQR)的电压[V]到转矩指令[%]的变换增益
Pr3.20	转矩指令输入转换	0~1		设定加在模拟转矩指令(TRQR)的电压极性
Pr4.22	模拟输入 1(AI1)零漂设定	−5578~5578	0.359 mV	设定加在模拟输入 1 电压的零漂补偿值
Pr4.23	模拟输入 1(AI1)滤波器	0~6400	0.01 ms	设定加在模拟输入 1 电压的 1 次延迟滤波器的时间常数

表 2.3.11　转矩指令选择 2 关联参数

参数号码	参数名称	设定范围	单位	功　能
Pr3.18	转矩指令方向指定选择	0～1	—	选择转矩指令的正方向/负方向的指定方法
Pr3.19	转矩指令输入增益	10～100	0.1 V/100%	设定加在模拟转矩指令(TRQR)的电压[V]到转矩指令[%]的变换增益
Pr3.20	转矩指令输入转换	0～1	—	设定加在模拟转矩指令(TRQR)的电压极性
Pr4.25	模拟输入 2(AI2)零漂设定	−342～342	5.86 mV	设定加在模拟输入 2 电压的零漂补偿值
Pr4.26	模拟输入 2(AI2)滤波器	0～6400	0.01 ms	设定加在模拟输入 2 电压的 1 次延迟滤波器的时间常数

表 2.3.11 中，Pr3.19 用于设定从加在模拟转矩指令(TRQR)的电压[V]到转矩指令[%]的变换增益，设定值单位为[0.1 V/100%]，用于设定额定转矩输出所需要的输入电压值。如果希望在转矩指令电压达到最大值 10 V 时，输出转矩也达到额定转矩 100%，那么 Pr3.19应该设定为 100；如果设定 Pr3.19 为 50，则转矩指令电压达到最大值 10V 时，输出转矩将达到额定转矩的 200%。

Pr3.20 设定加在模拟转矩指令(TRQR)的电压极性，具体设置见表 2.3.12。

表 2.3.12　Pr3.20 设置表

参数编号	设定值	电机转矩的发生方向	
Pr3.20	0	非反转	「+电压」→「正方向」、「−电压」→「负方向」
	1	反转	「+电压」→「负方向」、「−电压」→「正方向」

3．伺服控制系统启动运行的步骤

(1) 连接连接器 X4。

(2) 接入控制用信号(COM+，COM−)的电源(24 V DC)。

(3) 接通电源(伺服驱动器)。

(4) 检查参数的标准设定值。

(5) 连接伺服驱动器接通输入 SRV-ON(X4-29)和 COM−(X4-41)，开启伺服使能使电动机进入励磁状态。

(6) 在转矩指令输入 TRQR(X4-14)和 GND(X4-15)之间施加正、负的直流电压，确认电动机为 Pr3.07 设置的正方向/负方向的旋转状态。

(7) 启动伺服电动机，通过改变转矩给定电压大小，以及 Pr3.19、Pr3.20、Pr3.21、Pr3.22的参数设置，改变伺服电动机的给定转矩指令大小、方向，观察伺服电动机的运行情况。

Pr3.21、Pr3.22 用于设定转矩控制时的速度限制值。由于转矩模式指变频器是以控制电动机的输出力矩为目的，速度大小和外部负载大小有关，当转矩设定不变，伺服电动机轻载运行时，电动机可能会持续加速，有飞车风险，因此需要进行速度限制。Pr3.21、Pr3.22的具体设置见表 2.3.13。

表 2.3.13　速度限制设置

参数号码	参数名称	设定范围	单位	功　能
Pr3.21	速度限制值 1	0～20 000	r/min	设定转矩控制时的速度限制值。Pr3.17=2 时为正方向指令时的速度限制值
Pr3.22	速度限制值 2	0～20 000	r/min	设定转矩控制时的速度限制值。Pr3.17=2 时为负方向指令时的速度限制值

📖 **思考与练习**

1. 转矩控制模式主要的使用场合有哪些？
2. 写出转矩控制模式的特点。

任务四　触摸屏、PLC 与伺服驱动器综合控制系统的应用

一、任务目标

(1) 能够正确绘制电气原理图。
(2) 能根据电气原理图完成硬件接线。
(3) 能够正确设置伺服驱动器的参数。
(4) 能够完成控制程序的设计和调试。
(5) 能够完成触摸屏组态画面制作。
(6) 能够实现 PLC、触摸屏和伺服驱动器的系统集成。
(7) 能够解决系统设计与运行过程中出现的常见问题。

二、控制功能的描述

伺服系统是位置控制中使用非常广泛的一个系统，和步进系统比较，其具有控制精度高、转速快、带负载能力强等特点。伺服系统在位置控制中应包含三个方面的设备：一是伺服电动机；二是伺服驱动器；三是上位控制器，上位控制器可以是 PLC、单片机，也可以是专用的定位控制单元或模块。本任务中采用 PLC 作为上位控制器，重点学习伺服驱动器的用法，培养使用 PLC、触摸屏和伺服驱动器进行系统集成的能力。

三、控制任务内容

控制要求：按下启动按钮，伺服电动机先自动找原点，拖动工作台从 A 点以 10 mm/s 的速度向右前进 100 mm 到工位 B 点，停 2 s，然后再向右以 20 mm/s 的速度前进 200 mm 到工位 C 点，再停 2 s，最后以 30 mm/s 的速度回到 A 点，再停 2 s，如此循环运行。按下停止按钮，工作台行驶一周后返回 A 点。在触摸屏上模拟显示工作台的运行状态及离原点的距离。

四、任务实施

要完成以上的控制任务，可按以下步骤实施。

1. 绘制电气原理图并接线

画出位置控制模式系统电气原理图，并按图接线。伺服驱动器位置控制模式电气原理图可参考图 2.3.9 所示。

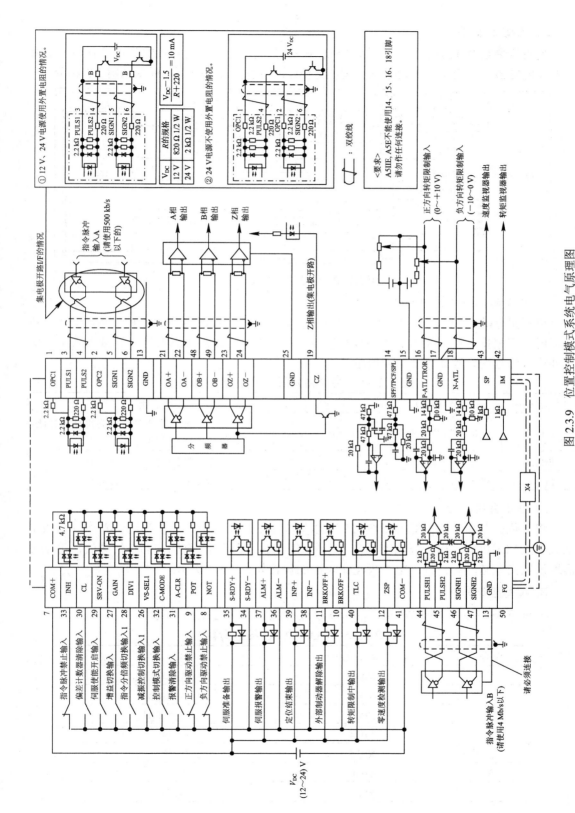

图 2.3.9　位置控制模式系统电气原理图

2. 参数的设置

先设置参数 Pr0.01=2(转矩模式)和 Pr5.04 =1(驱动禁止输入设定),然后再设置与位置模式有关的参数。从上位控制器输入位置指令(脉冲列)进行位置控制,框图如图 2.3.10 所示。

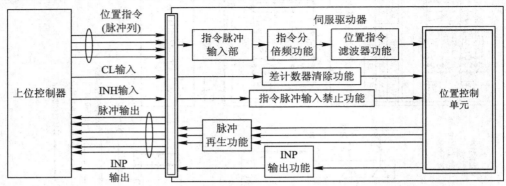

图 2.3.10 位置控制方式框图

1) 指令脉冲输入处理的设置

位置指令(脉冲列)有两相脉冲、正方向/负方向脉冲、脉冲列+符号三种形态的输入。实际应用中需根据上位控制器的规格或装置设置状况来设定脉冲形态及脉冲计数方式。指令脉冲输入处理的设置如表 2.3.14 所示。

表 2.3.14 指令脉冲输入处理的设置

参数号码	参数名称	设定范围	功 能
Pr0.05	指令脉冲输入选择	0~1	作为指令脉冲输入,选择使用光电耦合器还是使用长线驱动器专用输入
Pr0.06	指令脉冲极性设置	0~1	设定针对指令脉冲输入的计数方向
Pr0.07	指令脉冲输入模式设置	0~3	设定针对指令脉冲输入的计数方法

2) 电子齿轮比功能的设置

将上位控制器输入的脉冲指令信号乘以所设定的电子齿轮比的值得到位置指令。由基础五相关知识可知,电子齿轮实际是一个分-倍频器,合理搭配它们的分-倍频值,可以灵活地设置指令脉冲的行程。电子齿轮比功能的设置如表 1.5.3 所示。

3. 编写控制程序

根据任务控制要求设置 PLC 的 I/O 接线分配,如表 2.3.15 所示。

表 2.3.15 PLC 的 I/O 接线分配

序号	PLC 输入/输出点	信号名称
1	X000	原点传感器检测
2	X001	右限位保护
3	X002	左限位保护
4	X024	启动按钮
5	X025	停止按钮
6	Y000	脉冲
7	Y002	方向

根据控制要求编写 PLC 程序(请读者自行编写)。

4. 编写触摸屏组态工程设计

根据任务要求设计触摸屏组态工程，并下载到触摸屏中。

5. 设备运行的步骤

(1) 连接连接器 X4。

(2) 接入控制用信号(COM+，COM−)的电源(24 V DC)。

(3) 接通电源(伺服驱动器)。

(4) 检查参数的标准设定值。

(5) 用 Pr0.07(指令脉冲输入模式设定)调整脉冲输出形态，使其与 PLC 输出的脉冲形态一致。

(6) 向存储器写入，将电源(驱动器)从关闭到接通。

(7) 接通输入(SRV-ON)和 COM−(连接器 X4 的 41 引线)，开启伺服使能使电动机进入励磁状态。

(8) 从 PLC 装置输入低频率脉冲信号，进行低速运转。

(9) 用监视器模式确认电动机转速。

(10) 在触摸屏上模拟工作台的状态，并显示工作台到原点的距离。

📖 思考与练习

1. 思考本任务中脉冲频率和丝杆速度的关系。
2. 思考工作台动作后运行距离和脉冲数的关系。
3. 思考在通常情况下，伺服位置控制模式比步进系统控制精度高的原因是什么。

项目四 亚龙 YL-335B 型自动生产线系统集成

一、项目概述

亚龙 YL-335B 型自动生产线实训装置由安装在铝合金导轨式实训台上的供料单元、加工单元、装配单元、输送单元和分拣单元等 5 个单元组成，其外观如图 2.4.1 所示。其中每一个工作单元都可自成一个独立的系统，同时也是一个机电一体化系统。

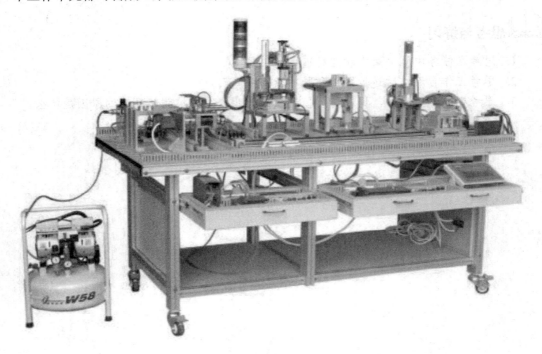

图 2.4.1　YL-335B 型自动生产线设备外观图

从生产线的具体构成来看，各个单元的执行机构基本上以气动执行机构为主，但输送单元的机械手装置整体运动则采取伺服电动机驱动、精密定位的位置控制，该驱动系统具有长行程、多定位点的特点，是一个典型的一维位置控制系统。分拣单元的传送带驱动采用了通用变频器驱动三相异步电动机的交流传动装置。在 YL-335B 型自动生产线设备上应用了多种类型的传感器，分别用于判断物体的运动位置、物体通过的状态、物体的颜色及材质等。YL-335B 型自动生产线设备采用基于 RS485 串行通信的 PLC 网络控制方案，即每一工作单元由一台 PLC 承担其控制任务，各 PLC 之间通过 RS485 串行通信实现互连的分布式控制方式。系统运行的主令信号、各单元的工作状态监控由连接到主站的嵌入式人机界面实现。

YL-335B 型自动生产线系统中，PLC 的标准配置以三菱 FX 系列和西门子 S7-200 系列为主。三菱 FX 系列早期选型为 FX_{2N} 和 FX_{1N} 系列，鉴于这两个系列的产品已经被 FX_{3U} 和 FX_{3G} 所取代，YL-335B 的配置也升级为 FX_{3U} 系列。

三菱 FX_{3U} 系列 PLC 配置方案如下：

(1) 输送单元：FX_{3U}-48MT 基本单元模块，模块共 24 点输入、24 点晶体管输出。

(2) 供料单元：FX_{3U}-32MR 基本单元模块，模块共 16 点输入、16 点继电器输出。

(3) 加工单元：FX_{3U}-32MR 基本单元模块，模块共 16 点输入、16 点继电器输出。

(4) 装配单元：FX_{3U}-48MR 基本单元模块，模块共 24 点输入、24 点继电器输出。

(5) 分拣单元：FX_{3U}-32MR 基本单元模块+FX_{3U}-3A-ADP 模拟量特殊适配器，基本单元模块共 16 点输入、16 点继电器输出。

二、项目内容

1. 设备安装

完成 YL-335B 型自动生产线供料、加工、装配、分拣单元和输送单元的部分器件装配工作，并将所有工作单元安装至 YL-335B 自动生产线工作台面。

注：此项任务属可选任务。

2. 气路连接

根据具体工作任务对气动回路提出的控制要求，合理连接气路。

注：此项任务属可选任务。

3. 电气控制系统的连接

(1) 根据具体控制要求，设计并完成输送单元的电气控制系统。

(2) 根据给定的 I/O 分配情况，连接供料、加工和装配单元的控制电路。

(3) 根据具体控制要求，使用 I/O 分配表预留给变频器的相关端子，设计并实现带有变频器的分拣单元的电气控制系统。

(4) 根据生产线的网络控制要求，连接通信网络。

4. 人机界面组态

组态欢迎界面和运行界面用户窗口。

5. PLC 控制程序编写

编写单站测试、单站运行及联机运行的控制程序。

6. 设备调试

(1) 调试机械部件、气动元件和检测元件的位置，以保证设备的正常运行并满足设备控制要求。

注：此项任务属可选任务。

(2) 根据设备的生产要求和控制要求，对各单元进行独立调试。

(3) 根据系统集成的动作与控制要求，对自动生产线进行整体系统联调。

任务一　三菱 FX 系列 PLC 的网络组建

一、任务目标

(1) 掌握三菱 PLC N：N 网络的组建方法；能够搭建 N：N 网络，并编写简单的通信程序。

(2) 掌握人机界面的组态方法，能根据要求设计组态工程并进行简单的系统功能测试。

(3) 掌握通信数据规划方法，能从系统性着手规划网络通信数据。

二、组建 YL-335B 生产线的 N:N 通信网络

1. 安装和连接 N:N 通信网络

在 YL-335B 型自动生产线系统中构建 N:N 通信网络，各站点间用屏蔽双绞线相连，如图 2.4.2 所示，接线时需注意要将终端站接上 110 Ω 的终端电阻。

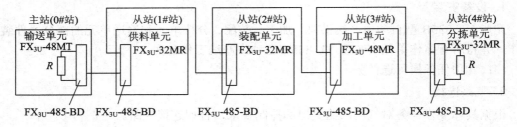

图 2.4.2　YL-335B 自动生产线 N:N 网络连线

2. 通信测试

确保通信口有效连接后，编写主站和从站通信测试程序，在编程软件中进行监控，改变相关输入点和数据寄存器的状态，观察不同站的相关量的变化是否符合通信测试要求。如果符合，则说明各站通信已经成功建立；若不符合，则要检查硬件与软件是否正确，待作出修改后再重新调试，直至达到测试要求为止。

三、人机界面组态及数据规划

在完成网络组建后，首先进行人机界面组态，然后规划 PLC 编程数据，再编制程序，这是工程任务实际实施的方法之一。其优点在于，已通过模拟测试的人机界面中实时数据库的数据对象可为规划 PLC 网络变量和中间变量提供一定的依据，使得数据规划更具有直观性和可操作性。

1. 人机界面组态

根据工作任务要求，人机界面组态应具有提供主令信号、显示系统主要工作状态(包括

网络状态）、进行界面切换和参数设置等功能。人机界面组态时应注意规划好人机界面与PLC链接的相关变量，MCGS实时数据库的数据对象与PLC内部变量通道的链接示例如表2.4.1所示。

表2.4.1　MCGS实时数据库的数据对象与PLC内部变量的链接示例

序号	数据对象	PLC通道	序号	数据对象	PLC通道
1	系统复位(W)	M061	17	加工单元就绪(R)	M1129
2	系统停止(W)	M062	18	加工运行状态(R)	M1130
3	系统启动(W)	M063	19	装配全线模式(R)	M1192
4	越程故障标志(R)	M040	20	装配单元就绪(R)	M1193
5	网络故障状态(R)	M044	21	装配运行状态(R)	M1194
6	急停状态(R)	M045	22	芯件不足(R)	M1196
7	输送全线模式(R)	M030	23	没有芯件(R)	M1197
8	输送准备就绪(R)	M020	24	分拣全线模式(R)	M1256
9	系统准备就绪(R)	M021	25	分拣单元就绪(R)	M1257
10	输送运行状态(R)	M010	26	分拣运行状态(R)	M1258
11	供料全线模式(R)	M1064	27	机械手位置(R)	D8340
12	供料单元就绪(R)	M1065	28	变频器设定频率(W)	D0
13	供料运行状态(R)	M1066	29	变频器输出频率(R)	D40
14	工件不足(R)	M1068	30	套件1完成数(R)	D41
15	没有工件(R)	M1069	31	套件2完成数(R)	D42
16	加工全线模式(R)	M1128			

2. 网络通信数据规划

规划前应仔细分析整个系统的工艺控制过程，以尽可能精简的通信数据满足工作任务中网络信息交换的要求，并在通信数据区留有足够的余地。通过模拟测试的人机界面可作为辅助手段。

N:N网络中各单元的通信数据定义示例如表2.4.2所示，表中列出了需要使用的位数据地址，这些数据分别由各单元PLC程序写入，全部数据为所有单元共享。

表2.4.2　N:N网络数据规划示例

站号	位地址	数据意义	位地址	数据意义
	M1000	系统运行命令	M1003	装配进料完成
0#(输送单元)	M1001	急停	M1004	加工进料完成
	M1002	请求供料	M1005	分拣进料完成
	M1064	供料全线模式	M1068	工件不足
1#(供料单元)	M1065	供料单元就绪	M1069	没有工件
	M1066	供料运行状态	M1070	金属工件
	M1067	供料操作完成	M1071	×

站号	位地址	数据意义	位地址	数据意义
2#(加工单元)	M1128	加工全线模式	M1130	加工运行状态
	M1129	加工单元就绪	M1131	加工操作完成
3#(装配单元)	M1192	装配全线模式	M1195	装配操作完成
	M1193	装配单元就绪	M1196	芯件不足
	M1194	装配运行状态	M1197	没有芯件
4#(分拣单元)	M1256	分拣全线模式	M1258	分拣运行状态
	M1257	分拣单元就绪	M1259	允许分拣进料

除了上述位数据规划外，还需规划必要的字数据，例如 0#(输送单元)的变频器设定频率地址规划为 D0，4#(分拣单元)中的变频器运行频率以及套件 1 数量、套件 2 数量分别规划为 D40、D41、D42 等。

由表 2.4.1 和表 2.4.2 可以看出，通信数据规划中的大部分数据都与人机界面主窗口画面的构建相关，这是因为人机界面提供了整个系统的主要状态显示，操作人员根据这些状态进行操作，实现监控功能，因此无论是人机界面的实时数据库建立还是网络通信的数据规划，两者都是相互关联的，系统设计时应统一规划。

四、通信程序编写

在通信测试程序的基础上，结合人机界面组态，根据工作任务的要求详细编写主站与从站的具体通信程序，完成人机界面与 PLC 的设备连接，准备联机调试。

五、系统通电联机调试

(1) 在断电状态下，连接好通信电缆，确保有效连接后接通电源。

(2) 在 PC 上运行 GX-Works 或 GX-Developer 编程软件。

(3) 将主站和从站程序输入 PC 中，并将程序文件下载至 PLC。

(4) 在 PC 上建立组态工程，并将工程下载到 MCGS TPC 触摸屏中。

(5) 将 PLC 运行模式切换至"RUN"状态，使 PLC 进入运行模式。

(6) 在教师现场监护下，进行通电联机调试，验证系统功能是否符合控制要求。

(7) 如果出现故障，应分别检查硬件接线和软件程序是否有误，待修改完成后重新调试，直至系统按控制要求正常工作。

📖 思考与练习

1. N∶N 链接通信的特点是什么？如何实现 N∶N 链接通信？

2. 实现 N∶N 网络时应如何选择通信扩展板？网络连线应如何完成？自行编写主、从站网络参数设置程序。

任务二 YL-335B 型自动生产线供料单元的编程与调试

一、任务目标

(1) 掌握直线气缸、单电控电磁阀等基本气动元件在气动系统中的使用方法，并连接和调整气路。

(2) 掌握磁性开关、光电接近开关、电感式接近开关等传感器在自动生产线中的使用方法，并能进行正确的安装和调试。

(3) 掌握用步进指令编写单序列顺控程序的方法，掌握子程序调用等基本功能指令。

(4) 明确 PLC 各端口地址，根据要求编写程序并调试。

(5) 能够进行供料单元的人机界面设计和调试。

二、认识 YL-335B 自动生产线系统的供料单元

供料单元是 YL-335B 自动生产线系统中的起始单元，在整个系统中，起着向系统中的其他单元提供原料的作用。其具体的功能是按照需要将放置在料仓中待加工工件(原料)自动地推出到物料台上，以便输送单元的机械手抓取并输送到其他单元上。如图 2.4.3 所示为供料单元实物的全貌。

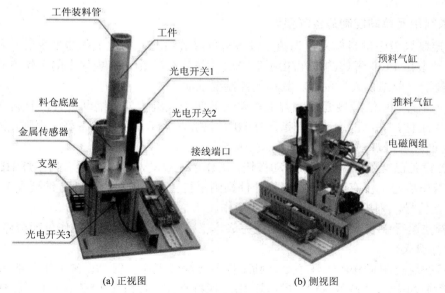

(a) 正视图　　　　　　　　　　　　　(b) 侧视图

图 2.4.3　供料单元实物全貌

1．供料单元的结构

供料单元主要由工件装料管、工件推出装置、支撑架、阀组、端子排组件、PLC、急停按钮和启动/停止按钮、走线槽、底板等组成，其主要结构可参见基础一中的图 1.1.17。

其中，管形料仓用于存储工件原料，工件推出装置可在需要时将料仓中最下层的工件推出到出料台上，它主要由推料气缸、顶料气缸、磁感应接近开关、漫射式光电开关等组成。

2. 供料单元的工作原理

工件垂直叠放在料仓中，推料缸处于料仓的底层并且其活塞杆可从料仓的底部通过。当活塞杆在退回位置时，它与最下层工件处于同一水平位置，而顶料气缸则与次下层工件处于同一水平位置。

在需要将工件推出到物料台上时，首先使顶料气缸的活塞杆推出，压住次下层工件；然后使推料气缸活塞杆推出，从而把最下层工件推到物料台上。在推料气缸返回并从料仓底部抽出后，再使顶料气缸返回，松开次下层工件。这样，料仓中的工件在重力的作用下，就自动向下移动一个工件，为下一次推出工件做好准备。

在底座和管形料仓第 4 层工件位置，分别安装有漫射式光电开关，它们的功能是检测料仓中有无工件或工件数量是否足够。若料仓内没有工件，则处于底层和第 4 层位置的两个漫射式光电开关均处于常态；若底层有 3 个工件，则底层的光电开关动作而第 4 层的光电开关处于常态，表明工件已经快用完了，这样，料仓中有无工件或工件数量是否充足，就可通过这两个光电开关的信号状态反映出来。推料气缸把工件推出到出料台上，出料台面开有小孔，出料台下面设有一个圆柱形漫射式光电开关，工作时向上发出光线，从而透过小孔检测是否有工件存在，以便向系统提供本单元出料台有无工件的信号。在输送单元的控制程序中，可以利用该信号状态来判断是否需要驱动机械手装置来抓取此工件。

三、供料单元单站控制的实现

1. 供料单元单站控制的控制要求

单站控制只考虑供料单元作为独立设备运行时的情况，单元工作的主令信号和工作状态显示信号来自 PLC 旁边的按钮/指示灯模块。并且按钮/指示灯模块上的工作方式选择开关 SA 置于"单站方式"位置。具体的控制要求如下：

(1) 设备上电和气源接通后，若工作单元的两个气缸均处于缩回位置，且料仓内有足够的待加工工件，则"正常工作"指示灯 HL1 常亮，表示设备已准备好。否则，该指示灯会以 1 Hz 的频率闪烁。

(2) 若设备已准备好，则按下启动按钮，工作单元启动，"设备运行"指示灯 HL2 常亮。启动后，若出料台上没有工件，则应把工件推到出料台上。出料台上的工件被人工取出后，若没有停止信号，则进行下一次推出工件操作。

(3) 若在运行中按下停止按钮，则在完成本工作周期任务后，各工作单元会停止工作，HL2 指示灯熄灭。

(4) 若在运行中料仓内工件不足，则工作单元继续工作，但"正常工作"指示灯 HL1 以 1 Hz 的频率闪烁，"设备运行"指示灯 HL2 保持常亮；若料仓内没有工件，则 HL1 指示灯和 HL2 指示灯均以 2 Hz 的频率闪烁，工作站在完成本周期任务后停止运行。除非向料仓补充足够的工件，否则工作站不再启动。

2. 供料单元单站控制的编程思路

(1) 程序结构：程序由两部分组成，一部分是系统状态显示，另一部分是供料控制。

主程序在每一扫描周期都会扫描系统状态显示程序，仅在运行状态已经建立才可能调用供料控制子程序。

(2) PLC 上电后应首先进入初始状态检查阶段，确认系统已经准备就绪后，才允许投入运行，这样可及时发现存在的问题，避免出现事故。例如，若两个气缸在上电和气源接入时不在初始位置，这是气路连接错误的缘故，显然在这种情况下不允许系统投入运行。若传感器接错，则有可能导致误判断，在这种情况下系统也是不允许启动的。通常 PLC 控制系统往往有这种常规的要求。

(3) 供料单元运行的主要过程是供料控制，它是一个步进顺序控制过程。

(4) 如果没有停止要求，顺序控制过程将周而复始地不断循环。常见的顺序控制系统正常停止要求是，接收到停止指令后，系统在完成本工作周期任务并返回到初始步后才停止下来。

(5) 当料仓中最后一个工件被推出后，将会发生缺料报警。推料气缸复位到位，亦即完成本工作周期任务。

四、供料单元单站控制的调试与运行

1. 供料单元装置侧接线端口信号端子

供料单元装置侧接线端口信号端子配置如表 2.4.3 所示，调试前需仔细确认。

表 2.4.3　供料单元装置侧的接线端口信号端子配置

输入端口中间层			输出端口中间层		
端子号	设备符号	信号线	端子号	设备符号	信号线
2	1B1	顶料到位	2	1Y	顶料电磁阀
3	1B2	顶料复位	3	2Y	推料电磁阀
4	2B1	推料到位			
5	2B2	推料复位			
6	BG1	出料台物料检测			
7	BG2	物料不足检测			
8	BG3	物料有无检测			
9	BG4	金属材料检测			
10#～17#端子没有连接			4#～14#端子没有连接		

2. PLC 的 I/O 分配与接线

根据工作单元装置的 I/O 信号分配和工作任务的要求，供料单元 PLC 配置为 Fx$_{3U}$-32MR 基本单元，共 16 点输入和 16 点继电器输出。供料单元 PLC 的 I/O 分配表如表 2.4.4 所示，PLC 外部接线如图 2.4.4 所示。

表 2.4.4 供料单元 PLC 的 I/O 分配

输入信号				输出信号			
序号	PLC 输入点	信号名称	信号来源	序号	PLC 输出点	信号名称	信号来源
1	X0	顶料气缸伸出到位	装置侧	1	Y0	顶料电磁阀	装置侧
2	X1	顶料气缸缩回到位		2	Y1	推料电磁阀	
3	X2	推料气缸伸出到位		3	Y2		
4	X3	推料气缸缩回到位		4	Y3		
5	X4	出料台物料检测		5	Y4		
6	X5	供料不足检测		6	Y5		
7	X6	缺料检测		7	Y6		
8	X7	金属工件检测		8			
9	X10			9	Y7	正常工作指示	按钮/指示灯模块
10	X11			10	Y10	运行指示	
11	X12	停止按钮	按钮/指示灯模块				
12	X13	启动按钮					
13	X14	急停按钮(未用)					
14	X15	工作方式选择					

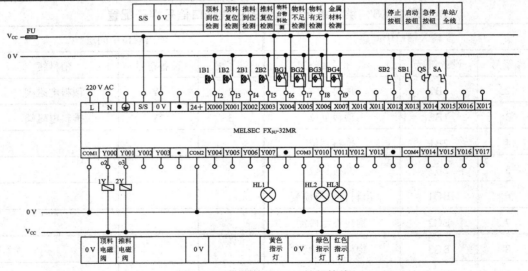

图 2.4.4 供料单元 PLC 外部接线

3. 供料单元控制系统的调试步骤

(1) 调整气动部分，检查气路是否正确，气压是否合理，气缸的动作速度是否合理。

(2) 检查磁性开关的安装位置是否到位，磁性开关工作是否正常。

(3) 检查 I/O 接线是否正确。

(4) 检查光电传感器安装是否合理，灵敏度是否合适，保证检测的可靠性。

(5) 放入工件，运行程序观察单元动作是否满足任务要求。

(6) 调试各种可能出现的情况，比如在任何情况下都有可能加入工件，系统都要能可靠工作。

(7) 优化程序。编程时务必注意单站/全线模式下供料单元的变化：供料主程序不变，但要注意在供料单元上还安装有一个金属传感器，通过该传感器可以在全线运行模式下判断工件材料，用来为后面的工作提供依据，注意该判断只能在请求供料的那个时刻进行，否则会导致判断错误。

注意指示灯的变化，在什么情况下有什么样的闪烁方式，根据控制任务不同也应随之改变。

📖 思考与练习

1. 供料单元中使用了哪些传感装置？

2. 如果按钮/指示灯模块中一个按钮用作其他用途，试考虑如何编制只用一个按钮实现设备启动和停止的程序。

3. 当料仓中的工件少于 4 个时，系统提示报警，在控制程序中应如何体现？

任务三　YL-335B 型自动生产线加工单元的编程与调试

一、任务目标

(1) 掌握薄型气缸、气动手指的使用方法，进一步训练气路连接和调整的能力。

(2) 掌握用条件跳转指令和主控指令处理顺序控制过程中紧急停止的方法。

(3) 明确 PLC 各端口地址，根据要求编写程序并调试。

(4) 能够进行加工单元的人机界面设计和调试。

二、认识 YL-335B 自动生产线系统的加工单元

供料单元物料台上的工件由输送单元的抓取机械手装置送至加工单元物料台后，加工单元将该单元物料台上的工件送到冲压机构下面，完成一次冲压加工动作，然后再送回到物料台上，等待输送单元的抓取机械手装置取出。加工单元装置侧主要结构由加工台及滑动机构、加工(冲压)机构、电磁阀组、接线端口、底板等组成。如图 2.4.5 所示的(a)和(b)为加工单元实物的全貌。

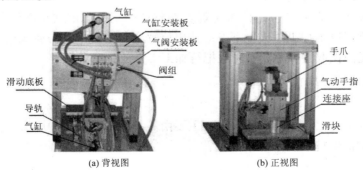

(a) 背视图　　　　　　　(b) 正视图

图 2.4.5　加工单元实物全貌

1. 加工台及滑动机构

1) 结构

加工台用于固定被加工件，并把工件移到加工(冲压)机构正下方进行冲压加工。它主要由手爪、气动手指、加工台伸缩气缸、线性导轨及滑块、磁性开关、漫射式光电开关等组成。加工台及滑动机构如图 2.4.6 所示。

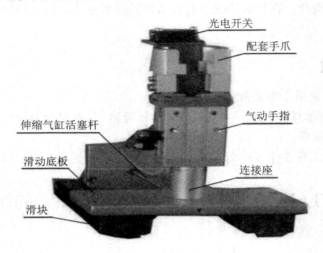

图 2.4.6　加工台及滑动机构

2) 滑动加工台的工作过程

滑动加工台在系统正常工作后的初始状态为伸缩气缸伸出、气动手指张开。当输送机构把物料送到料台上，物料检测传感器检测到工件后，由控制程序驱动气动手指将工件夹紧，等待加工台回到加工区域冲压气缸下方后，冲压气缸活塞杆向下伸出冲压工件，完成冲压动作后向上缩回，而后加工台重新伸出，到位后气动手指松开，并向系统发出加工完成信号，为下一次工件的到来做加工准备。

移动料台上安装有一个漫射式光电开关。若加工台上没有工件，则漫射式光电开关处于常态；若加工台上有工件，则漫射式光电开关动作，表明加工台上已有工件。该漫射式光电开关的输出信号送至加工单元 PLC 的输入端，用以判别加工台上是否有工件需进行加工；当加工过程结束，加工台即会伸出到初始位置。同时，PLC 通过通信网络把加工完成的信号反馈给系统，以协调控制。

移动料台伸出和返回到位的位置是通过调整伸缩气缸上的两个磁性开关位置来定位的。要求缩回位置位于加工冲头正下方；伸出位置应与输送单元的抓取机械手装置配合，以确保输送单元的抓取机械手能顺利地把待加工工件放到料台上。

2. 加工(冲压)机构

1) 结构

加工机构用于对工件进行冲压加工，主要由薄型冲压气缸、冲压头、安装板等组成。加工(冲压)机构如图 2.4.7 所示。

2) 冲压台工作过程

当工件到达冲压位置，即伸缩气缸活塞杆缩回到位时，冲压气缸伸出对工件进行加工，完成加工动作后冲压气缸缩回，为下一次冲压做准备。冲压头根据工件的要求对工件进行冲压加工，其安装在冲压气缸头部。安装板用于安装和固定冲压气缸。

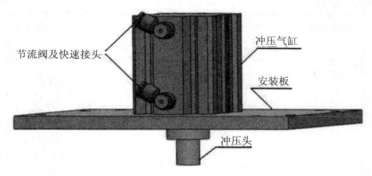

图 2.4.7　加工(冲压)机构

三、加工单元单站控制的实现

1. 加工单元单站控制的控制要求

单站控制只考虑加工单元作为独立设备运行时的情况，加工单元的按钮/指示灯模块上的工作方式选择开关应置于"单站方式"位置。具体的控制要求为：

(1) 初始状态：设备上电和气源接通后，滑动加工台伸缩气缸处于伸出位置，加工台气动手指处于松开的状态，冲压气缸处于缩回位置，急停按钮没有按下。若设备在上述初始状态，则"正常工作"指示灯 HL1 常亮，表示设备已准备好。否则，该指示灯以 1 Hz的频率闪烁。

(2) 若设备已准备好，按下启动按钮，设备启动，"设备运行"指示灯 HL2 常亮。当待加工工件送到加工台上并被检出后，气动手指将工件夹紧，送往加工区域进行冲压，完成冲压动作后返回待料位置，进入下一道加工工序。如果没有停止信号输入，当再有待加工工件送到加工台上时，加工单元又开始下一周期工作。

(3) 在工作过程中，若按下"停止"按钮，加工单元在完成本周期的动作后停止工作，指示灯 HL2 熄灭。

2. 加工单元单站控制的编程思路

加工单元工作流程与供料单元类似，也是 PLC 上电后应首先进入初始状态检查阶段，确认系统已经准备就绪后，才允许接收启动信号投入运行。但加工单元工作任务中增加了急停功能，为了使急停发生后，系统停止工作而状态保持，以便急停复位后能从急停前的断点开始继续运行，可以采用两种方法：一种是用条件跳转(CJ)指令实现，另一种是用主控指令来实现。这里只讨论用主控指令实现的方法。

用主控指令实现急停信号处理的程序示意图如图 2.4.8 所示。图中，当按下急停常闭按钮时，X014 状态为"OFF"，断开主控标志 M15，程序将不再执行。急停按钮复位后主控触点闭合程序继续执行。

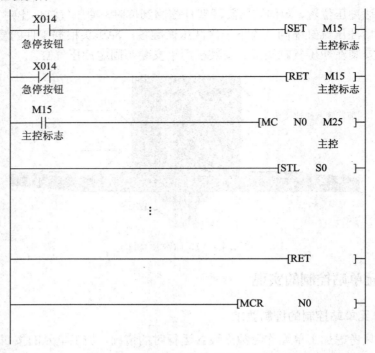

图 2.4.8　加工单元中主控指令实现急停信号处理的程序

　　由于在按下急停按钮时，有可能冲压头正在执行冲压动作，此时冲压头应该复位，这就需要在程序中加入如图 2.4.9 所示的程序，这样可以避免冲压头一直在执行冲压动作。

图 2.4.9　加工单元中按下急停按钮后冲压头复位程序

四、加工单元单站控制的调试与运行

1. 加工单元装置侧接线端口信号端子

加工单元装置侧接线端口信号端子配置如表 2.4.5 所示，调试前需仔细确认。

表 2.4.5　加工单元装置侧的接线端口信号端子配置

输入端口中间层			输出端口中间层		
端子号	设备符号	信号线	端子号	设备符号	信号线
2	BG1	加工台物料检测	2	3Y	夹紧电磁阀
3	3B2	工件夹紧检测	3		
4	2B2	加工台伸出到位	4	2Y	伸缩电磁阀
5	2B1	加工台缩回到位	5	1Y	冲压电磁阀
6	1B1	加工冲压头上限			
7	1B2	加工冲压头下限			
8#～17#端子没有连接			6#～14#端子没有连接		

2. PLC 的 I/O 分配与接线

根据工作单元装置的 I/O 信号分配和工作任务的要求，加工单元 PLC 配置为 FX$_{3U}$-32MR 基本单元，共 16 点输入和 16 点继电器输出。加工单元 PLC 的 I/O 分配如表 2.4.6 所示，PLC 的外部接线如图 2.4.10 所示。

表 2.4.6 加工单元 PLC 的 I/O 分配

		输入信号				输出信号	
序号	PLC 输入点	信号名称	信号来源	序号	PLC 输出点	信号名称	信号来源
1	X000	加工台物料检测		1	Y000	夹紧电磁阀	
2	X001	工件夹紧检测		2	Y001		装置侧
3	X002	加工台伸出到位	装置侧	3	Y002	料台伸缩电磁阀	
4	X003	加工台缩回到位		4	Y003	加工冲压头电磁阀	
5	X004	加工冲压头上限检测		5	Y004		
6	X005	加工冲压头下限检测		6	Y005		
7	X006			7	Y006		
8	X007			8	Y007		
9	X010			9	Y010	正常工作指示	按钮/指示
10	X011			10	Y011	运行指示	灯模块
11	X012	停止按钮					
12	X013	启动按钮	按钮/指示				
13	X014	急停按钮	灯模块				
14	X015	单站/全线					

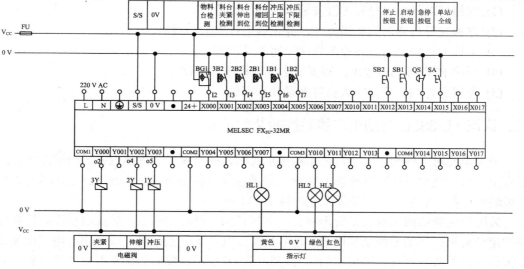

图 2.4.10 加工单元 PLC 外部接线图

3. 加工单元控制系统的调试步骤

(1) 调整气动部分，检查气路是否正确，气压和气缸的动作速度是否合理。

(2) 检查磁性开关的安装位置是否到位，磁性开关工作是否正常。

(3) 检查 I/O 接线是否正确。

(4) 检查光电开关安装是否合理，灵敏度是否合适，保证检测的可靠性。

(5) 放入工件，运行程序观察单元动作是否满足任务要求。

(6) 调试各种可能出现的情况，比如在任何情况下都有可能加入工件，系统都要能可靠工作。

(7) 优化程序。加工单元主程序部分会出现急停处理要求，急停复位后应明确控制要求，是继续执行前面的动作还是此工件已被判断为废料该怎么处理的过程。此外，需要注意的是通过指示灯显示各个过程中的变化。

📖 思考与练习

1. 加工单元中使用了哪些传感器装置？

2. 用跳转指令编写本任务的急停处理程序。

3. 思考加工单元各种可能会出现的问题，如果出现这些意外情况应如何处理？

任务四　YL-335B 型自动生产线装配单元的编程与调试

一、任务目标

(1) 掌握摆动气缸、导杆气缸安装和调整的方法。

(2) 掌握光纤传感器的使用方法，并正确进行安装和调试。

(3) 掌握并行控制的顺序控制程序编写和调试方法。

(4) 明确 PLC 各端口地址，根据要求编写程序并调试。

(5) 能够进行加工单元的人机界面设计和调试。

二、认识 YL-335B 自动生产线系统的装配单元

加工单元对工件加工完毕后，由输送单元的抓取机械手装置抓取并送至装配单元的装配台上，再由装配机械手将该单元料仓内的黑色或白色小圆柱芯件嵌入到已加工的工件中完成装配过程。装配单元实物图全貌如图 2.4.11 所示。

装配单元的结构组成包括管形料仓、落料机构、回转物料台、装配机械手、待装配工件的定位机构、气动系统及其阀组、信号采集及其自动控制系统，以及用于电气连接的端子排组件，整条生产线状态指示的信号灯和用于其他机构安装的铝型材支架及底板、传感器安装支架等其他附件。如图 2.4.12 所示即为装配单元的机械装配图。

(a) 前视图   (b) 背视图

图 2.4.11 装配单元实物全貌

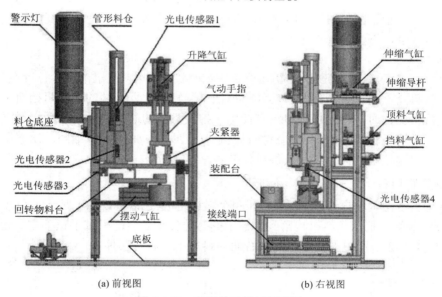

(a) 前视图   (b) 右视图

图 2.4.12 装配单元机械装配图

1. 管形料仓

管形料仓是用来存储装配用的金属、黑色和白色小圆柱芯件，它由塑料圆管和中空底座构成。塑料圆管顶端放置金属环，以防止破损。芯件竖直放入料仓的空心圆管内，并能在重力的作用下自由下落。为了能实现料仓供料不足和缺料报警，如图 2.4.13 落料机构示意图中所示，在塑料圆管底部和底座处分别安装了 2 个漫射式光电传感器，并在料仓塑料圆柱上纵向铣槽，以使光电传感器的红外光斑可靠照射到被检测的物料上，并要求光电传感器的距离调节方式以 BGS 方式为宜。

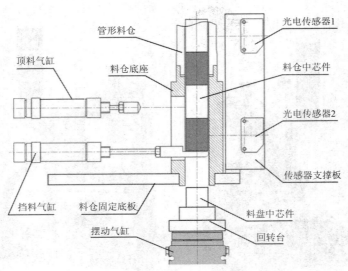

图 2.4.13 落料机构示意图

2. 落料机构

1) 结构

落料机构的示意图如图 2.4.13 所示，料仓底座的背面安装了两个直线气缸，上面的气缸称为顶料气缸，下面的气缸称为挡料气缸。

2) 工作过程

系统气源接通后，顶料气缸的初始位置在缩回状态，挡料气缸的初始位置在伸出状态。这样，当从料仓上面放下芯件时，芯件将被挡料气缸活塞杆终端的挡块阻挡而不能落下。需要进行落料操作时，首先使顶料气缸伸出，把次下层的芯件夹紧，然后挡料气缸缩回，芯件掉入回转物料台的料盘中。之后挡料气缸复位伸出，顶料气缸缩回，次下层芯件跌落到挡料气缸终端挡块上，为再一次供料作准备。

3. 回转物料台

回转物料台由气动摆台(摆动气缸)和两个料盘组成，如图 2.4.14 所示，气动摆台能驱动料盘 180°旋转，把从供料机构落到料盘中的芯件移动到装配机械手正下方。光电传感器 1 和光电传感器 2 分别用来检测左面和右面的料盘中是否有芯件。

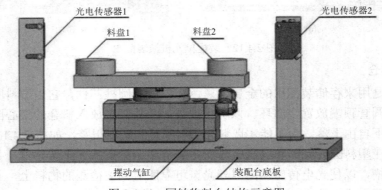

图 2.4.14　回转物料台结构示意图

4. 装配机械手

装配机械手是整个装配单元的核心。在装配机械手正下方的回转物料台料盘上有一个小圆柱芯件，且装配台侧面的光纤传感器检测到装配台上有待装配工件的情况下，机械手从初始状态开始执行装配操作过程。

1) 结构

装配机械手装置是一个三维运动的机构，它由水平方向移动和竖直方向移动的 2 个导向气缸和气动手指组成，如图 2.4.15 所示。

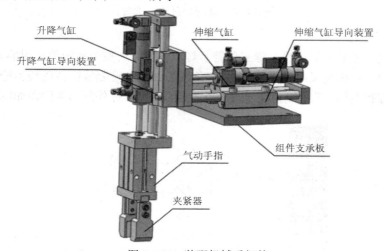

图 2.4.15　装配机械手组件

2) 装配机械手的工作过程

(1) PLC 驱动升降气缸电磁换向阀，升降气缸驱动气动手指向下移动，到位后，气动手指驱动夹紧器夹紧芯件，并将夹紧信号通过磁性开关传送给 PLC。

(2) 在 PLC 的控制下，升降气缸复位，被夹紧的芯件随气动手指一并提起。

(3) 提升到最高位后，PLC 驱动伸缩气缸电磁阀，使其活塞杆伸出。

(4) 手臂伸出到位后，升降气缸再次被驱动下移，移动到最下端位置时，气动手指松开，将芯件放入装配台上的工件内。

(5) 经短暂延时，升降气缸和伸缩气缸缩回，机械手恢复初始状态。

在整个机械手动作过程中，除气动手指松开到位无传感器检测外，其余动作的到位信号检测均采用与气缸配套的磁性开关，将采集到的信号输入 PLC，由 PLC 输出信号驱动电磁阀换向，使由气缸及气动手指组成的机械手按程序自动运行。

5. 装配台料斗

输送单元运送来的待装配工件直接放置在该机构的料斗定位孔中，由定位孔与工件之间较小的间隙配合实现定位，从而完成准确的装配动作和定位精度。装配台料斗与回转物料台组件共用支承板，如图 2.4.16(a)所示。

为了确定装配台料斗内是否放置了待装配工件，可使用光纤传感器进行检测。料斗的侧面开了一个 M6 的螺孔，光纤传感器的光纤探头就固定在此螺孔内，如图 2.4.16(b)所示。

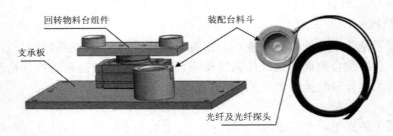

(a) 装配台料斗与回转物料台   (b) 安装有光纤探头的装配台料斗

图 2.4.16   装配台料斗示意图

6. 警示灯

本工作单元上安装有红、橙、绿三色警示灯,它是作为整个系统警示用的。警示灯有五根引出线,其中,黄绿交叉线为"地线";红色线为红色灯控制线;黄色线为橙色灯控制线;绿色线为绿色灯控制线;黑色线为信号灯公共控制线。警示灯外形与接线图如图 2.4.17 所示。

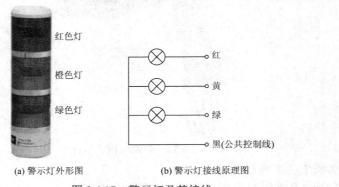

(a) 警示灯外形图   (b) 警示灯接线原理图

图 2.4.17   警示灯及其接线

三、装配单元单站控制的实现

1. 装配单元单站控制的控制要求

(1) 装配单元各气缸的初始位置:挡料气缸处于伸出状态,顶料气缸处于缩回状态,料仓中有足够的小圆柱芯件;装配机械手的升降气缸处于提升状态,伸缩气缸处于缩回状态,气爪处于松开状态。

设备上电和气源接通后,若各气缸满足初始位置要求,且料仓中有足够的小圆柱芯件,工件装配台上没有待装配工件,则"正常工作"指示灯 HL1 常亮,表示设备准备好。否则,该指示灯以 1 Hz 频率闪烁。

(2) 若设备准备好,按下启动按钮,装配单元启动,"设备运行"指示灯 HL2 常亮。如果回转台上的左料盘内没有小圆柱芯件,就执行下料操作;如果左料盘内有芯件,而右料盘内没有芯件,则执行回转台回转操作。

(3) 如果回转台上的右料盘内有小圆柱芯件,且装配台上有待装配工件,则执行装配机械手抓取小圆柱芯件并放入待装配工件中的操作。

(4) 完成装配任务后,装配机械手应返回初始位置,等待下一次装配。

(5) 若在运行过程中按下停止按钮,则供料机构应立即停止供料,在装配条件满足的情况下，装配单元在完成本次装配后停止工作。

(6) 在运行中发生"芯件不足"报警信息时，指示灯 HL3 以 1 Hz 的频率闪烁，HL1 和 HL2 灯常亮；在运行中发生"芯件没有"报警信息时，指示灯 HL3 以亮 1 s、灭 0.5 s 的方式闪烁，HL2 熄灭，HL1 常亮。

2. 装配单元单站控制的编程思路

(1) 进入运行状态后，装配单元的工作过程包括两个相互独立的子过程，一个是供料过程，另一个是装配过程。供料过程就是通过供料机构的操作，使料仓中的小圆柱芯件落下到回转台左边料盘上，然后回转台转动，使装有芯件的料盘转动到右边，以便装配机械手抓取零件。装配过程是当装配台上有待装配工件，且装配机械手下方有小圆柱芯件时，进行装配操作。

在主程序中，当初始状态检查结束，确认单元准备就绪，按下启动按钮进入运行状态后，应同时调用供料控制和装配控制两个程序。

(2) 需要注意的是，供料控制过程包含两个互相联锁的过程，即落料过程和回转台转动、料盘转移的过程。在小圆柱芯件从料仓下落到左料盘的过程中，禁止回转台转动；反之，在回转台转动过程中，禁止打开料仓(挡料气缸缩回)落料。

实现联锁的方法：① 当回转台的左限位或右限位磁性开关动作并且左料盘没有物料时，经定时确认后开始落料过程；② 当挡料气缸伸出到位使料仓关闭、左料盘有物料而右料盘为空时，经定时确认后开始转动回转台，直到达到限位位置。

(3) 供料过程的落料控制和装配控制过程都是单序列步进顺序控制的。

(4) 停止运行有两种情况：一种情况是在运行中按下停止按钮，停止指令被置位；另一种情况是当料仓中最后一个芯件落下时，检测有无物料的传感器动作(X001 为 OFF)并发出缺料报警信息。对于供料过程的落料控制，上述两种情况均应在料仓关闭、顶料气缸复位到位并返回到初始步后停止下次落料，并复位落料初始步。但对于回转台转动控制，一旦停止指令发出，则应立即停止回转台转动。对于装配控制，上述两种情况也应一次装配完成，装配机械手返回到初始位置后停止。仅当落料机构和装配机械手均返回到初始位置，才能复位运行状态标志和停止指令。

(5) 在装配单元中有两组指示灯，包括按钮/指示灯模块上的指示灯和警示灯。

这些程序都将通过调用 PLC 主程序中的子程序实现。

四、装配单元单站控制的调试与运行

1. 装配单元装置侧接线端口信号端子

装配单元装置侧接线端口信号端子配置如表 2.4.7 所示，调试前需仔细确认。

表 2.4.7　装配单元装置侧的接线端口信号端子配置

输入端口中间层			输出端口中间层		
端子号	设备符号	信号线	端子号	设备符号	信号线
2	BG1	芯件不足检测	2	1Y	挡料电磁阀
3	BG2	芯件有无检测	3	2Y	顶料电磁阀
4	BG3	左料盘芯件检测	4	3Y	回转电磁阀

		输入端口中间层			输出端口中间层
5	BG4	右料盘芯件检测	5	4Y	手爪夹紧电磁阀
6	BG5	装配台工件检测	6	5Y	手爪下降电磁阀
7	1B1	顶料到位检测	7	6Y	手臂伸出电磁阀
8	1B2	顶料复位检测	8	AL1	红色警示灯
9	2B1	挡料伸出到位检测	9	AL2	橙色警示灯
10	2B2	挡料退回到位检测	10	AL3	绿色警示灯
11	5B1	摆动气缸左限检测	11		
12	5B2	摆动气缸右限检测	12		
13	6B2	手爪夹紧检测	13		
14	4B2	手爪下降到位检测	14		
15	4B1	手爪上升到位检测			
16	3B1	手臂缩回到位检测			
17	3B2	手臂伸出到位检测			

2. PLC 的 I/O 分配与接线

根据工作单元装置的 I/O 信号分配和工作任务的要求，装配单元 PLC 配置为 FX$_{3U}$-48MR 基本单元，共 24 点输入和 24 点继电器输出。装配单元 PLC 的 I/O 分配如表 2.4.8 所示，PLC 外部接线如图 2.4.18 所示。

表 2.4.8　装配单元 PLC 的 I/O 分配

		输入信号				输出信号	
序号	PLC 输入点	信号名称	信号来源	序号	PLC 输出点	信号名称	信号来源
1	X000	芯件不足检测		1	Y000	挡料电磁阀	
2	X001	芯件有无检测		2	Y001	顶料电磁阀	
3	X002	左料盘芯件检测		3	Y002	回转电磁阀	
4	X003	右料盘芯件检测		4	Y003	手爪夹紧电磁阀	
5	X004	装配台工件检测		5	Y004	手爪下降电磁阀	
6	X005	顶料到位检测		6	Y005	手臂伸出电磁阀	装置侧
7	X006	顶料复位检测		7	Y006		
8	X007	挡料伸出到位检测	装置侧	8	Y007		
9	X010	挡料退回到位检测		9	Y010	红色警示灯	
10	X011	摆动气缸左限检测		10	Y011	橙色警示灯	
11	X012	摆动气缸右限检测		11	Y012	绿色警示灯	
12	X013	手爪夹紧检测		12	Y013		
13	X014	手爪下降到位检测		13	Y014		
14	X015	手爪上升到位检测		14	Y015	HL1	按钮/指示灯模块
15	X016	手臂缩回到位检测		15	Y016	HL2	
16	X017	手臂伸出到位检测		16	Y017	HL3	

输入信号				输出信号			
序号	PLC 输入点	信号名称	信号来源	序号	PLC 输出点	信号名称	信号来源
17	X020						
18	X021						
19	X022						
20	X023						
21	X024	停止按钮					
22	X025	启动按钮	按钮/指				
23	X026	急停按钮	示灯模块				
24	X027	单站/全线					

注：警示灯用来指示 YL-335B 整体运行时的工作状态，工作任务是装配单元单独运行。若没有要求使用警示灯，可以不连接到 PLC 上。

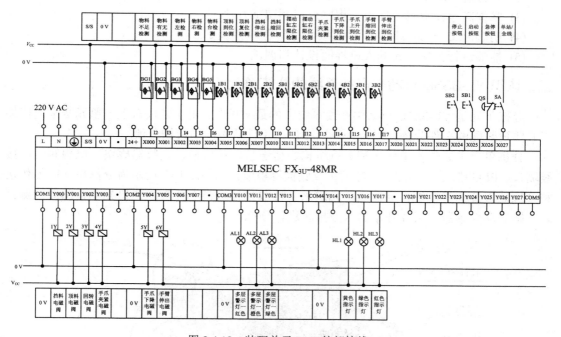

图 2.4.18 装配单元 PLC 外部接线

3. 装配单元控制系统的调试步骤

(1) 调整气动部分，检查气路是否正确、气压和气缸的动作速度是否合理。

(2) 检查磁性开关的安装位置是否到位，其工作是否正常。

(3) 检查 I/O 接线是否正确。

(4) 检查光电传感器安装是否合理，灵敏度是否合适，保证检测的可靠性。

(5) 放入芯件，运行程序观察单元动作是否满足任务要求。

装配单元的主程序不改变，当有急停出现，重新启动后是从断点继续执行还是急停后将当前装配工件作废品处理，在实现时须多加注意。

📖 **思考与练习**

1. 装配单元中使用了哪些传感装置？

2. 根据装配单元控制要求，如果需要考虑急停等因素，应如何编写程序？

3. 在运行过程中若出现小圆柱芯件无法准确落至料盘中，或装配机械手装配不到位，或光纤传感器误动作等现象，试分析其原因，并总结处理的办法。

任务五　YL-335B 型自动生产线分拣单元的编程与调试

一、任务目标

(1) 掌握三菱 FR-E740 型变频器在任务中的接线和参数设置方法。

(2) 掌握旋转编码器的使用和调试方法。

(3) 掌握高速计数器的选用、程序编写和调试方法。

(4) 明确 PLC 各端口地址，根据要求编写程序并调试。

(5) 能够进行分拣单元的人机界面设计和调试。

二、认识 YL-335B 自动生产线系统的分拣单元

分拣单元是 YL-335B 自动生产线系统中的最末单元，用于完成对上一单元送来的已加工并实现装配的工件分拣，以及使不同颜色的工件从不同的料槽分流。

分拣单元主要结构由传送和分拣机构、传送带驱动机构、变频器模块、电磁阀组、接线端口、PLC 模块、按钮/指示灯模块及底板等组成，如图 2.4.19 所示为分拣单元中的传送和分拣装置实物的全貌。当输送单元送来工件放到传送带上并被进料口光电传感器检测到时，即启动变频器，工件开始送入分拣区进行分拣。

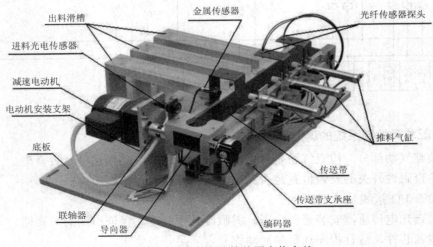

图 2.4.19　传送和分拣装置实物全貌

1. 传送和分拣机构

1) 结构

传送和分拣机构主要由传送带、出料滑槽、推料(分拣)气缸、漫射式光电传感器、光纤传感器、电感式传感器(金属传感器)组成。其功能是传送已经加工、装配好的工件，通过传感器检测后进行分拣。

传送带把机械手输送过来加工好的工件传送至分拣区。为准确定位工件在传送带上的位置，在传送带进料口安装了定位 U 形板导向器，用来纠偏机械手输送过来的工件，并确定其初始位置。传送过程中工件移动的距离则通过对光电编码器产生的脉冲进行高速计数来确定。三个出料滑槽分别用于存放加工装配好的黑色、白色工件和金属工件。

2) 工作过程

当输送单元送来的工件放到传送带上并为进料口漫射式光电传感器检测到时，该信号传输给 PLC，通过 PLC 的程序启动变频器，电动机运转驱动传送带工作，把工件带进分拣区。如果进入分拣区的工件为白色，则检测白色物料的光纤传感器动作，作为白色工件料槽推料气缸的启动信号，将白色料推到相应的料槽里；反之，如果进入分拣区的工件为黑色，则检测黑色物料的光纤传感器动作，作为黑色工件料槽推料气缸的启动信号，将黑色料推到相应的料槽里。

2. 传送带驱动机构

传送带采用三相减速电动机驱动，驱动机构包括电动机支架、电动机、弹性联轴器等。其中，减速电动机是传动机构的主要部分，电动机转速的快慢由变频器来控制，其作用是带动传送带从而输送物料。电动机支架用于固定电动机。电动机轴通过弹性联轴器与传送带的主动轴连接，如图 2.4.20 所示。由于两轴的连接质量直接影响传送带运行的平稳性，因此安装时务必注意，必须确保两轴的同心度。

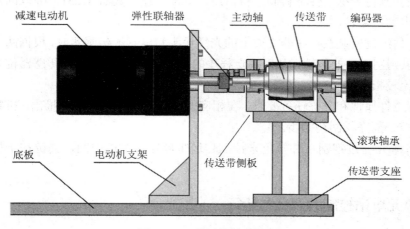

图 2.4.20　传动机构示意图

三、分拣单元单站控制的实现

1. 分拣单元单站控制的控制要求

(1) 设备的工作目标是完成对白色芯金属工件、白色芯塑料工件和黑色芯金属或塑料工件的分拣。为了在分拣时准确推出工件，要求使用旋转编码器作定位检测，且工件材料和芯件颜色属性应在推料气缸前的适当位置被检测出来。

(2) 设备上电和气源接通后，若工作单元的三个气缸均处于缩回位置，则"正常工作"指示灯 HL1 常亮，表示设备已准备好。否则，该指示灯以 1 Hz 频率闪烁。

(3) 若设备已准备好，则按下启动按钮，系统启动，"设备运行"指示灯 HL2 常亮。当传送带进料口被人工放下已装配的工件时，变频器立即启动，驱动传动电动机以固定频率 30 Hz 的速度，把工件带往分拣区。

(4) 如果工件为白色芯金属件，则该工件到达 1 号滑槽中间时，传送带停止，工件被推到 1 号槽中；如果工件为白色芯塑料件，则该工件到达 2 号滑槽中间时，传送带停止，工件被推到 2 号槽中；如果工件为黑色芯，则该工件到达 3 号滑槽中间时，传送带停止，工件被推到 3 号槽中。工件被推出滑槽后，该工作单元的一个工作周期结束。仅当工件被推出滑槽后，才能再次向传送带下料。

(5) 如果在运行期间按下停止按钮，则该工作单元在本工作周期结束后停止运行。

2. 分拣单元单站控制的编程思路

(1) 分拣单元的主要工作过程是分拣控制。在上电后，应首先进行初始状态的检查，确认系统准备就绪后，才能按下启动按钮进入运行状态，开始分拣过程的控制。初始状态检查的程序流程与前面所述的供料、加工等单元是类似的，但前面所述的几个特定位置数据，须在上电第 1 个扫描周期写到相应的数据存储器中。系统进入运行状态后，应随时检查是否有停止按钮按下。若停止指令已经发出，则应在系统完成一个工作周期回到初始步时，复位运行状态和初始步使系统停止。

(2) 分拣过程是一个步进顺控程序。

① 当检测到待分拣工件下料到进料口后，复位高速计数器 C251，并以固定频率启动变频器驱动电动机运转。

② 当工件经过安装在传感器支架上的光纤探头和电感式传感器时，根据两个传感器动作与否，可以判别工件的属性，从而决定程序的流向。C251 当前值与传感器位置值的比较可采用触点比较指令来实现。

③ 根据工件属性和分拣任务要求，在相应的推料气缸位置把工件推出。推料气缸返回后，步进顺控子程序返回初始步。

(3) 分拣单元通过判别工件颜色来控制传送带停在哪个槽中间，关键在于如何判别工件颜色。

四、分拣单元单站控制的调试与运行

1. 分拣单元装置侧接线端口信号端子

分拣单元装置侧接线端口信号端子配置如表 2.4.9 所示，调试前需仔细确认。

表 2.4.9 分拣单元装置侧的接线端口信号端子配置

输入端口中间层			输出端口中间层		
端子号	设备符号	信号线	端子号	设备符号	信号线
2	CODER	旋转编码器 A 相	2	1Y	推杆 1 电磁阀
3		旋转编码器 B 相	3	2Y	推杆 2 电磁阀
4	BG1	光纤传感器 1	4	3Y	推杆 3 电磁阀
5	BG2	光纤传感器 2			
6	BG3	进料口工件检测			
7	BG4	电感式传感器			
8					
9	1B	推杆 1 推出到位			
10	2B	推杆 2 推出到位			
11	3B	推杆 3 推出到位			
12#～17#端子没有连接			5#～14#端子没有连接		

2. PLC 的 I/O 分配与接线

根据工作单元装置的 I/O 信号分配和工作任务的要求，分拣单元 PLC 配置为 FX$_{3U}$-32MR 主单元，共 16 点输入和 16 点继电器输出。分拣单元 PLC 的 I/O 分配如表 2.4.10 所示，PLC 外部接线如图 2.4.21 所示。

表 2.4.10 分拣单元 PLC 的 I/O 分配

输入信号				输出信号			
序号	PLC 输入点	信号名称	信号来源	序号	PLC 输出点	信号名称	信号输出目标
1	X000	旋转编码器 B 相	装置侧	1	Y000	STF	变频器正转
2	X001	旋转编码器 A 相		2	Y001	STR	变频器反转
3	X002	旋转编码器 Z 相		3			
4	X003	进料口工件检测		4			
5	X004	电感式传感器		5			
6	X005	光纤传感器		6	Y004	推杆 1 电磁阀	
7	X006	推杆 1 推出到位		7	Y005	推杆 2 电磁阀	
8	X007	推杆 2 推出到位		8	Y006	推杆 3 电磁阀	
9	X010	推杆 3 推出到位		9	Y007	HL1	按钮/指示灯模块
10	X011			10	Y010	HL2	
11	X012	启动按钮	按钮/指示灯模块	11	Y011	HL3	
12	X013	停止按钮					
13	X014	急停按钮					
14	X015	单站/全线					

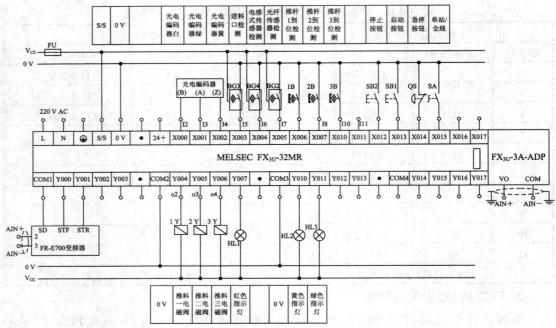

图 2.4.21　分拣单元 PLC 外部接线图

3. 分拣单元控制系统的调试步骤

(1) 调整气动部分，检查气路是否正确、气压和气缸的动作速度是否合理。

(2) 检查磁性开关的安装位置是否到位，其工作是否正常。

(3) 检查 I/O 接线是否正确。

(4) 检查光纤传感器安装是否合理，灵敏度是否合适，保证检测的可靠性。

(5) 放入工件，运行程序观察单元动作是否满足任务要求。

注意：分拣单元控制的难点在于合理利用传感器区别已经加工完成的工件，同时有效控制传送带的变速和定位，以及对于废品工件的处理。

📖 思考与练习

1. 若采用通信控制方式，如何实现三菱 FR-E740 变频器与本站 PLC 的有效通信？除对变频器进行设置外，还需要在编写程序中考虑哪些问题？

2. 光电编码器有什么作用？如何使用它？

3. 试根据分拣单元的控制要求设计人机界面并进行调试。

任务六　YL-335B 型自动生产线输送单元的编程与调试

一、任务目标

(1) 掌握伺服电动机在本任务中的使用方法。

(2) 掌握 PLC 内置定位控制指令的使用和编程方法，能编写实现伺服电动机定位控制的 PLC 控制程序。

(3) 明确 PLC 各端口地址，根据要求编写程序并调试。

(4) 能够进行输送单元的人机界面设计和调试。

二、认识 YL-335B 自动生产线系统的输送单元

输送单元通过直线运动传动机构驱动抓取机械手装置到指定单元的物料台上抓取工件，并把抓取到的工件输送到指定地点后放下，实现传送工件的功能。输送单元的实物外观图如图 2.4.22 所示。

YL-335B 自动生产线系统的出厂配置中，输送单元担任着网络系统主站的角色，它接收来自触摸屏的系统主令信号，读取网络上各从站的状态信息，加以综合后，向各从站发送控制要求，协调整个系统的工作。

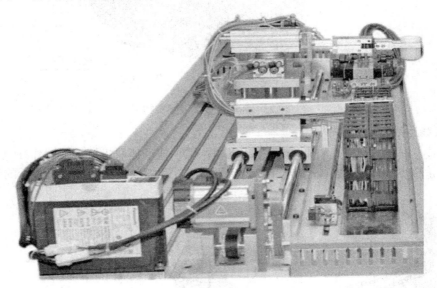

图 2.4.22　输送单元实物外观图

输送单元由抓取机械手装置、直线运动传动组件、拖链装置、PLC 模块和接线端口以及按钮/指示灯模块等部件组成。

1. 抓取机械手装置

抓取机械手装置是一个能实现升降、伸缩、气动手指夹紧/松开和沿垂直轴旋转 4 个自由度运动的工作单元，该装置整体安装在直线运动传动组件的滑动溜板上，在传动组件的带动下整体作直线往复运动，定位到其他各工作单元的物料台，然后完成抓取和放下工件的功能。如图 2.4.23 所示为抓取机械手装置实物图。

具体构成如下：

(1) 气动手指：用于在各个工作站物料台上抓取/放下工件，由一个二位五通双向电控阀控制。

(2) 伸缩气缸：用于驱动手臂伸出/缩回，由一个二位五通单向电控阀控制。

(3) 回转气缸：用于驱动手臂正反向 90°旋转，由一个二位五通双向电控阀控制。

(4) 提升气缸：用于驱动整个机械手的提升与下降，由一个二位五通单向电控阀控制。

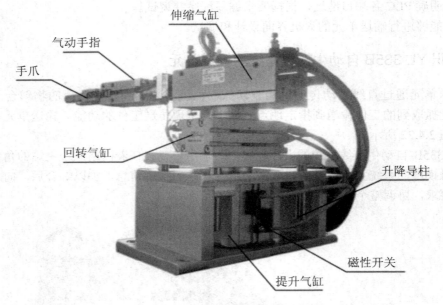

图 2.4.23　抓取机械手装置实物图

2. 直线运动传动组件

直线运动传动组件是一个同步带传动机构，用于拖动抓取机械手装置作往复直线运动完成精确定位。如图 2.4.24 所示为直线运动传动组件和抓取机械手装置组装后的示意图。

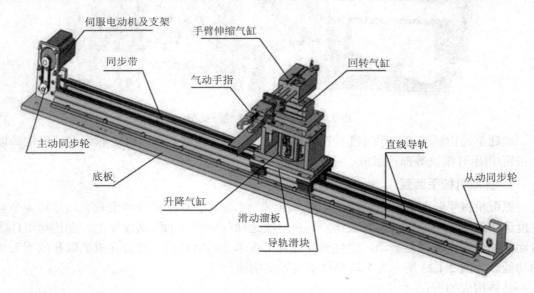

图 2.4.24　直线运动传动组件和机械手装置

由图可见，传动组件由底板、伺服电动机及支架、同步轮、同步带、直线导轨、滑动溜板、拖链和原点接近开关及左、右极限开关等组成。

伺服电动机由伺服放大器驱动，通过同步轮和同步带带动滑动溜板沿直线导轨作往复直线运动，从而带动固定在滑动溜板上的抓取机械手装置作往复直线运动。同步轮齿距为5 mm，共12个齿，即旋转一周搬运机械手位移60 mm。

抓取机械手装置上所有气管和导线沿拖链敷设，进入线槽后分别连接到电磁阀组和接线端口上。

原点接近开关和左、右极限开关安装在直线导轨底板上，如图2.4.25所示。

图2.4.25　原点接近开关和右极限开关

原点接近开关是一个无触点的电感式接近传感器，用来提供直线运动的起始点信号。

左、右极限开关均是有触点的微动开关，用来提供越程故障时的保护信号。当滑动溜板在运动中越过左或右极限位置时，极限开关会动作，向系统发出越程故障信号。

三、输送单元单站控制的实现

1. 输送单元的控制要求

输送单元单站运行的目标是测试设备传送工件的功能，驱动设备为伺服电机。进行测试时要求其他各工作单元已经就位，并且在供料单元的出料台上放置了工件。

输送单元的具体控制要求如下：

(1) 输送单元通电后按下复位按钮SB1，执行复位操作，使抓取机械手装置回到原点位置。在复位过程中，"正常工作"指示灯HL1以1Hz的频率闪烁。

当机械手装置回到原点位置，且输送单元各个气缸满足初始位置的要求时，表明复位完成，"正常工作"指示灯HL1常亮；按下启动按钮SB2，设备启动运行，"设备运行"指示灯HL2常亮，开始功能测试过程。

(2) 正常运行功能：

① 抓取机械手装置从供料单元出料台抓取工件，抓取的顺序为：手臂伸出→手爪夹紧抓取工件→提升台上升→手臂缩回。

② 抓取动作完成后，机械手装置向加工单元移动，移动速度不小于300 mm/s。

③ 当机械手装置移动到加工单元物料台的正前方后，即把工件放到加工单元物料台上。机械手装置在加工单元放下工件的顺序是：手臂伸出→提升台下降→手爪松开放下工件→手臂缩回。

④ 放下工件动作完成2 s后，机械手装置执行抓取加工单元工件的操作。抓取的顺序与供料单元抓取工件的顺序相同。

⑤ 抓取动作完成后，机械手装置移动到装配单元物料台的正前方，然后把工件放到装配单元物料台上。其动作顺序与加工单元放下工件的顺序相同。

⑥ 放下工件动作完成 2 s 后，机械手装置执行抓取装配单元工件的操作。抓取的顺序与供料单元抓取工件的顺序相同。

⑦ 机械手手臂缩回后，回转台逆时针旋转 90°，机械手装置从装配单元向分拣单元运送工件，到达分拣单元传送带上方进料口后把工件放下，动作顺序与加工单元放下工件的顺序相同。

⑧ 放下工件动作完成后，机械手手臂缩回，然后以 400 mm/s 的速度执行返回原点的操作。返回 900 mm 后，回转台顺时针旋转 90°，然后以 100 mm/s 的速度低速返回原点停止。

当机械手装置返回原点后，一个测试周期结束。当供料单元的出料台上放置了工件时，再按一次启动按钮 SB2，将会开始新一轮的测试。

(3) 非正常运行功能。若在工作过程中按下急停按钮 QS，则系统立即停止运行。在急停复位后，应从急停前的断点开始继续运行。

在急停状态，绿色指示灯 HL2 以 1 Hz 的频率闪烁，直到急停复位后才恢复正常运行，此时指示灯 HL2 恢复常亮。

2. 输送单元的编程思路

1) 主程序的编程思路

从工作任务可以看到，输送单元传送工件的过程是一个步进顺序控制过程，它包括两个方面：一是伺服电动机驱动抓取机械手的定位控制；二是机械手到各工作单元物料台上抓取或放下工件的控制。其中，前者是关键。

(1) 传送工件的顺控过程是否进行，取决于系统是否在运行状态、急停按钮是否正常以及急停复位后的处理是否结束。为此，须建立一个主控过程允许执行的标志——例如"M20"，只有当 M20 被置位时，才能运行步进顺控过程。

由此可见，系统主程序应包括上电初始化、复位过程(子程序)、准备就绪后投入运行、检查及处理急停等阶段，最后判断 M20 是否为"ON"状态。

(2) 调用初态检查子程序和急停处理子程序。前者的功能是检查系统上电后是否在初始状态，若不在初始状态，则须进行复位操作；后者的功能是当系统进入运行状态后，检查急停按钮是否按下和进行急停复位的处理，以确定 M20 的状态。在紧急停止状态或系统正处于急停复位后处理的过程，M20 的状态为"OFF"，这时主控过程不能进行。仅当急停按钮没有按下或急停复位后的处理已经完成时，M20 的状态为"ON"，才能启动一个主控块，块中的传送工件顺控过程可以执行。

2) 初态检查复位子程序和回原点子程序的编程思路

系统上电且按下复位按钮后，就调用初态检查复位子程序，进入初始状态检查和复位操作阶段，目标是确定系统是否准备就绪，若未准备就绪，则系统不能启动进入运行状态。该子程序的具体内容包括检查各气动执行元件是否处在初始位置、抓取机械手装置是否在原点位置，否则进行相应的复位操作，直至准备就绪。在子程序中，将嵌套调用回原点子程序，并完成一些简单的逻辑运算。

在输送单元的整个工作过程中，会频繁地进行抓取机械手装置返回原点的操作，因此，编写一个子程序供需要时调用是必要的。

3) 急停处理子程序的编程思路

当系统进入运行状态后，在每一个扫描周期都要调用急停处理子程序。急停动作时，主控标志 M20 复位，主控程序停止执行。急停复位后，分两种情况说明如下：

(1) 若急停前抓取机械手没有在运行中，则传送功能测试过程继续运行。

(2) 若急停前抓取机械手正在前进中，如从供料往加工，或从加工往装配，或从装配往分拣等，则当急停复位的上升沿到来时，需要启动使机械手回原点的动作过程。到达原点后，传送功能测试过程将会继续运行。

4) 抓取机械手抓取工件和放下工件的编程思路

机械手在不同的阶段抓取工件或放下工件的动作顺序是相同的。抓取工件的动作顺序为：手臂伸出→手爪夹紧→提升台上升→手臂缩回。放下工件的动作顺序为：手臂伸出→提升台下降→手爪松开→手臂缩回。采用子程序调用的方法来实现抓取工件和放下工件的动作控制能使程序编写得以简化。

在机械手执行放下工件的工步中，调用"放下工件"子程序；在执行抓取工件的工步中，调用"抓取工件"子程序。当抓取工件或放下工件工作完成时，"放料完成"标志(例如 M5)或"抓取完成"标志(例如 M4)可作为顺序控制程序中步转移的条件。

应该指出的是，虽然抓取工件或放下工件都是顺序控制过程，但在编写子程序时不能使用 STL/RET 指令，否则会发生代号为"6606"的错误。实际上，抓取工件和放下工件过程均较为简单，直接使用基本指令即可实现。

5) 采用伺服电动机驱动的编程思路

本单元任务采用伺服电动机驱动，由于伺服电动机驱动系统本身是一闭环控制系统，急停情况发生时将减速停止到已发脉冲的指定位置，当前位置被保存，急停复位后就没有必要返回原点了，其工作任务的实施也将大为简化。

(1) 考虑越程故障保护时，无须增加中间继电器，只须用限位行程开关 SQ1、SQ2 自身的转换触点即可实现。

(2) 从 PLC 输出到伺服驱动器的脉冲和方向信号可直接连接，不需要外接限流电阻，X5 端口的脉冲和信号端子已经内置限流电阻。

(3) 不需要编写急停处理子程序，直接用急停按钮信号"X026"代替主控标志"M20"，与运行状态标志例如"M10"串联即可作为主控块的条件。

(4) 仅当初始状态检查时需要使用原点回归指令搜索原点信息，以后的运行过程中，当前位置信息始终被保存，因此也无须编写回归原点子程序。

四、输送单元的调试与运行

1. PLC 的 I/O 分配与接线

根据工作单元装置的 I/O 信号分配和工作任务的要求，输送单元 PLC 配置为三菱

FX_{3U}-48MT 基本单元模块，共 24 点输入和 24 点晶体管输出。输送单元 PLC 的 I/O 分配如表 2.4.11 所示。

表 2.4.11　输送单元 PLC 的 I/O 分配

输入信号				输出信号			
序号	PLC 输入点	信号名称	信号来源	序号	PLC 输出点	信号名称	信号来源
1	X000	原点传感器检测	装置侧	1	Y000	伺服电动机脉冲	装置侧
2	X001	右限位保护		2	Y001	伺服电动机方向	
3	X002	左限位保护		3	Y002		
4	X003	机械手下降下限检测	装置侧	4	Y003	提抬升台上升电磁阀	
5	X004	机械手抬升上限检测		5	Y004	回转气缸左旋电磁阀	
6	X005	机械手旋转左限检测		6	Y005	回转气缸右旋电磁阀	
7	X006	机械手旋转右限检测		7	Y006	手爪伸出电磁阀	
8	X007	机械手伸出检测		8	Y007	手爪夹紧电磁阀	
9	X010	机械手缩回检测		9	Y010	手爪放松电磁阀	
10	X011	机械手夹紧检测		10	Y011		
11	X012	伺服报警输入		11	Y012		
12	X013 ~ X023 未接线			12	Y013		
13				13	Y014		
14				14	Y015	报警指示	按钮/指示灯模块
15				15	Y016	运行指示	
16				16	Y017	停止指示	
17							
21	X024	启动按钮	按钮/指示灯模块				
22	X025	复位按钮					
23	X026	急停按钮					
24	X027	方式选择					

2. 输送单元的调试步骤

(1) 调整气动部分，检查气路是否正确，气压是否合理，气缸的动作速度是否合理。

(2) 检查磁性开关的安装位置是否到位，磁性开关工作是否正常。

(3) 检查 I/O 接线是否正确。

(4) 检查传感器安装是否合理，灵敏度是否合适，保证检测的可靠性。

(5) 放入工件，运行程序，观察单元动作是否满足任务要求。

📖 思考与练习

1. 伺服电动机有几种控制方式？在输送单元中采用的是何种控制方式？

2. 根据表 2.4.11 所示的 I/O 分配表，画出输送单元 PLC 外部接线图。

3. 如果将自动生产线系统中伺服电动机控制改为步进电动机控制，那么系统中硬件与软件又应进行哪些改动？

任务七　YL-335B 型自动生产线系统集成

一、任务目标

(1) 掌握自动生产线整体安装和调整的基本方法和步骤。

(2) 掌握串行通信网络的连接、组态和调试的基本技能。

(3) 进一步掌握人机界面常用构件的组态以及脚本编写、实现流程控制的方法。

(4) 掌握自动生产线整体运行的编程和调试的基本技能。

(5) 能解决自动生产线安装与运行过程中出现的常见问题。

二、自动生产线系统的实现

自动生产线的工作目标是：将供料单元料仓内的工件送往加工单元的物料台，加工完成后，把加工好的工件送往装配单元的装配台，然后把装配单元料仓内白色和黑色两种不同颜色的小圆柱芯件嵌入到装配台上的工件中，最后将完成装配后的成品送往分拣单元分拣输出。

1. 自动生产线设备部件的安装

完成 YL-335B 自动生产线的供料、加工、装配、分拣单元和输送单元的装配工作，并把这些工作单元安装在 YL-335B 的工作桌面上。

2. 气路连接及调整

(1) 按照前面各任务所要求的气动系统图完成气路连接。

(2) 接通气源后检查各工作单元气缸初始位置是否符合要求，如不符合需适当进行调整。

(3) 完成气路调整，确保各气缸运行顺畅和平稳。

3. 电路连接

(1) 按照前面各任务的电气接线图连接电路。

(2) 电路连接完成后，应根据运行要求设定分拣单元变频器和输送单元伺服电动机驱动器的有关参数，并测试光电编码器的脉冲当量(测试 3 次取平均值，有效数字为小数点后 3 位)。

4. 各站 PLC 网络连接

系统采用 N∶N 网络的分布式网络控制，并指定输送单元作为系统主站。系统主令工作信号由连接到输送单元 PLC 编程口的触摸屏人机界面提供，但系统紧急停止信号由输送单元的按钮/指示灯模块的急停按钮提供。安装在工作桌面上的警示灯应能显示整个系统的主要工作状态，例如复位、启动、停止、报警等。

5. 组态用户界面

用户窗口包括欢迎界面和主界面两个窗口。

(1) 欢迎界面是启动界面，触摸屏上电后运行，屏幕上方的标题文字向右循环移动。当触摸到欢迎界面上的任意部位时，都会切换到主窗口界面。

(2) 主窗口界面组态应具有下列功能：

① 提供系统工作方式(单站/全线)、选择信号、系统复位、启动和停止信号。

② 在人机界面上设定分拣单元变频器的输入运行频率(40 Hz～50 Hz)。

③ 在人机界面上动态显示输送单元机械手装置的当前位置(以原点位置为参考点，度量单位为毫米)。

④ 指示网络的运行状态(正常或故障)。

⑤ 指示各工作单元的运行、故障状态。其中，故障状态包括：

a. 供料单元的供料不足状态和缺料状态。

b. 装配单元的供料不足状态和缺料状态。

c. 输送单元抓取机械手装置越程故障(左或右极限开关动作)。

⑥ 指示全线运行时系统的紧急停止状态。

6. 自动生产线系统的编程思路

1) 从站单元控制程序的编写思路

YL-335B 系统各工作站在单站运行时的编程思路，在前面各任务中均作了介绍。在联机运行情况下，由于从站工艺过程是基本固定的，原单站程序中的工艺控制程序基本变动不大，因此在单站程序的基础上修改、编写联机运行程序，实现上并不太困难。

联机运行情况下的主要变动：一是在运行条件上有所不同，主令信号来自系统通过网络下传的信号；二是各工作单元之间通过网络不断交换信号，由此确定各单元的程序流向和运行条件。对于前者，首先须明确工作单元当前的工作模式，以此确定当前有效的主令信号。需明确规定工作模式切换的条件，目的是避免误操作的发生，确保系统可靠运行。工作模式切换条件的逻辑判断在上电初始化(M8002 状态为"ON")后即开始进行。

接下来的工作与前面单站时类似，即① 进行初始状态检查，判别工作单元是否准备就绪。② 若准备就绪，则收到全线运行信号或本站启动信号后投入运行状态。③ 在运行状态下，不断监视停止命令是否到来，一旦到来即置位停止指令，待工作单元的工艺过程完成一个工作周期后，使工作单元停止工作。

2) 主站单元控制程序的编写思路

输送单元是 YL-335B 系统中最为重要，同时也是承担任务最为繁重的工作单元。主要体现在：① 输送单元 PLC 与触摸屏相连接，接收来自触摸屏的主令信号，同时把系统状态信息回馈到触摸屏。② 作为网络的主站，要进行大量的网络信息处理。③ 本单元在联机方式下需完成的工艺生产任务与单站运行时略有差异。下面着重讨论在编程中应予以注意的问题和有关编程思路。

(1) 主程序结构。由于输送单元承担的任务较多，在联机运行时，主程序有较大的变动。

① 每一个扫描周期，须调用网络读写子程序和通信子程序。

② 完成系统工作模式的逻辑判断，除了输送单元本身要处于联机方式外，所有从站也必须都处于联机方式。

③ 联机方式下，系统复位的主令信号由人机界面发出。在初始状态检查中，系统准备就绪的条件，除输送单元本身要就绪外，所有从站均应准备就绪。因此，在初态检查复位子程序中，除了完成输送单元本站初始状态检查和复位操作外，还要通过网络读取各从站准备就绪的信息。

④ 总的来说，整体运行过程仍是按初态检查→准备就绪→等待启动→投入运行等几个阶段逐步进行的，但阶段的开始或结束的条件会发生变化。

⑤ 为了实现急停功能，程序主体控制部分需要放在主控指令中执行，即放在 MC(主控)和 MCR(主控复位)指令间。但本工作任务规定输送单元采用伺服电动机驱动，因此没有必要编写急停处理子程序，直接用急停按钮信号(常闭触点)即可作为主控块的启动条件。

(2) 运行控制程序段的结构。输送单元联机的工艺过程与单站过程略有不同，需修改之处主要有如下几点：

① 单站运行的工作任务中，传送功能测试程序在初始步就开始执行机械手从供料单元出料台抓取工件操作，而在联机方式下，初始步的操作应为：通过网络向供料单元请求供料，收到供料单元供料完成的信号后，如果没有停止指令，则转至下一步执行抓取工件操作。

② 单站运行时，机械手在加工单元加工台放下工件后，等待 2 s 取回工件。在联机方式下，取回工件的条件是收到来自网络的加工完成信号。装配单元的情况与此相同。

③ 单站运行时，测试过程结束即退出运行状态。在联机方式下，一个工作周期完成后返回初始步，如果没有停止指令，则开始下一工作周期。

(3) "通信"子程序。"通信"子程序的功能包括从站报警信号处理，以及向人机界面提供输送单元机械手当前位置的信息。主程序在每一个扫描周期都要调用这一子程序。

① 报警信号处理步骤：

a. 将供料单元和装配单元"工件不足"和"工件没有"的报警信号发往人机界面。

b. 处理供料单元"工件没有"或装配单元"芯件没有"的报警信号。

c. 向人机界面提供网络正常/故障信息。

② 向人机界面提供输送单元机械手当前位置的信息，由脉冲累计的计数值除以 100 得到。

a. 在每一个扫描周期把以脉冲数表示的当前位置转换为长度信息(mm)，转发给人机界面的连接变量。

b. 每当返回原点完成后，脉冲累计计数值将会被清零。

7. 程序的编写及调试

系统的工作模式分为单站工作和全线运行模式。从单站工作模式切换到全线运行模式的条件：各工作单元均处于停止状态，各单元的按钮/指示灯模块上的工作方式选择开关置于"全线模式"。此时，若人机界面中的模式选择开关切换到全线运行模式，系统将会进入全线运行状态。在全线运行模式下，各工作单元仅通过网络接收来自人机界面的主令信号，除主站急停按钮外，其他所有本站主令信号都将无效。

要从全线运行模式切换到单站工作模式，仅限当前工作周期完成后，将人机界面中选择开关切换到"单站运行模式"才有效。

1) 单站运行模式

在单站运行模式下，各单元工作的主令信号和工作状态显示信号均来自于其 PLC 旁边的按钮/指示灯模块，且按钮/指示灯模块上的工作方式选择开关 SA 应置于"单站方式"位置。各站的具体控制要求与前面各任务单独运行要求相同(加工单元暂不考虑紧急停止要求)。

2) 全线运行模式

在全线运行模式下，各工作站部件的工作顺序以及对输送单元机械手装置运行速度的要求与单站运行模式一致。正常的全线运行步骤如下：

(1) 系统在上电、N∶N 网络正常后开始工作。触摸人机界面上的复位按钮，执行复位操作。在复位过程中，绿色警示灯以 2 Hz 的频率闪烁，红色和黄色灯均熄灭。

复位过程包括使输送单元机械手装置回到原点位置和检查各工作站是否处于初始状态。

各工作站初始状态是指：

① 各工作单元气动执行元件均处于初始位置。

② 供料单元料仓内有足够的待加工工件。

③ 装配单元料仓内有足够的小圆柱芯件。

④ 输送单元的紧急停止按钮未按下。

当输送站机械手装置回到原点位置，且各工作站均处于初始状态时，则表明复位完成。绿色警示灯常亮，表示允许启动系统，这时若触摸人机界面上的启动按钮，则系统启动，绿色和黄色警示灯均常亮。

(2) 供料单元的运行。系统启动后，若供料单元的出料台上没有工件，则应把工件推到出料台上，并向系统发出出料台上有工件的信号；若供料单元的料仓内没有工件或工件不足，则向系统发出报警或预警信号。出料台上的工件被输送单元机械手取出后，若系统仍需要推出工件进行加工，则将进行下一次推出工件的操作。

(3) 输送单元运行 1。当工件被推到供料单元出料台后，输送单元抓取机械手装置应执行抓取供料单元工件的操作。动作完成后，伺服电动机将会驱动机械手装置移动到加工单元加工物料台的正前方,把工件放到加工单元的加工台上。

(4) 加工单元运行。加工单元加工台的工件被检出后,将开始执行加工过程。当加工好的工件重新送回待料位置时,将会向系统发出冲压加工完成信号。

(5) 输送单元运行2。系统接收到加工完成的信号后,输送单元机械手执行抓取已加工工件的操作。抓取动作完成后,伺服电动机将会驱动机械手装置移动到装配单元物料台的正前方,把工件放到装配单元物料台上。

(6) 装配单元运行。装配单元物料台的传感器检测到工件到来后,开始执行装配过程。装入动作完成后,会向系统发出装配完成的信号。如果装配单元的料仓或料槽内没有小圆柱芯件或芯件不足,应向系统发出报警或预警信号。

(7) 输送单元运行3。系统接收到装配完成信号后,输送单元机械手抓取已装配的工件,然后从装配单元向分拣单元运送工件,到达分拣单元传送带上方进料口后把工件放下,然后执行返回原点的操作。

(8) 分拣单元运行。输送单元机械手装置放下工件、缩回到位后,分拣单元的变频器即开始启动,驱动传动电动机以 80%最高运行频率(由人机界面指定)的速度,把工件带入分拣区进行分拣,工件分拣原则与单站运行相同。当分拣气缸活塞杆推出工件并返回后,应向系统发出分拣完成信号。

(9) 仅当分拣单元分拣工作完成,并且输送单元机械手装置回到原点时,系统的一个工作周期才算结束。如果在工作周期期间没有触摸过停止按钮,系统则会在延时 1 s 后开始下一周期工作;如果在工作周期内曾经触摸过停止按钮,则系统工作结束,警示灯中黄色灯熄灭,绿色灯仍保持常亮;系统工作结束后若再按下启动按钮,则系统又重新开始工作。

3) 异常工作状态的处理

(1) 工件供给状态的信号警示。如果供料单元或装配单元发出"工件不足"的预警信号或"工件没有"的报警信号,则系统动作如下:

① 如果发生"工件不足"的预警信号,警示灯中红色灯以 1 Hz 的频率闪烁,绿色和黄色灯保持常亮,系统继续工作。

② 如果发生"工件没有"的报警信号,警示灯中红色灯以亮 1 s、灭 0.5 s 的方式闪烁,黄色灯熄灭,绿色灯保持常亮。

a. 若"工件没有"的报警信号来自供料单元,且供料单元物料台上已推出工件,系统将会继续运行,直至完成该工作周期尚未完成的工作。当该工作周期工作结束,系统将停止工作,除非"工件没有"的报警信号消失,系统不能再启动。

b. 若"工件没有"的报警信号来自装配单元,且装配单元回转台上已落下小圆柱芯件,系统将会继续运行,直至完成该工作周期尚未完成的工作。当该工作周期工作结束,系统将停止工作,除非"工件没有"的报警信号消失,系统不能再启动。

(2) 急停与复位。系统工作过程中按下输送单元的急停按钮,则输送单元立即停止。在急停复位后,应从急停前的断点开始继续运行。

📖 **思考与练习**

1. 若以分拣单元作为主站，软件程序应做哪些修改，试编写程序并调试运行。

2. 自动生产线在实际运行中，可能由于一些难以预测的因素而死机或失控，例如通信网络由于干扰而发生故障、传感器故障、环境因素的某些变化等。在编写系统程序时，除尽可能全面地考虑各种因素、找出对策外，还应考虑一旦出现失控状态而安全退出或复位的问题。请尝试考虑在自动生产线系统集成时如果出现失控情况，可以采取的处理措施。

第三篇

安全及技术规范

项目一　安全教育

任务一　认识安全用电制度措施

1. 安全教育

无数触电事故的教训告诉人们，思想上的麻痹大意往往是造成人身事故的重要因素，因此必须加强安全教育，使所有人都懂得用电安全的重大意义，彻底杜绝人身触电事故。

2. 建立和健全电气操作制度

(1) 应妥善保管所有绝缘、检验工具，严禁他用，并定期进行检查、校验。操作前应检查工具的绝缘手柄、绝缘靴和绝缘手套等物品的绝缘性能是否良好，有问题应立即更换。

(2) 现场施工用高、低压设备及线路，应按照施工设计及有关电气安全技术规程安装和架设。

(3) 禁止线路上带负荷接电或断电，严格遵守停电操作的规定，操作前应做好防止突然送电的各项安全措施。

(4) 安装高压油开关、自动空气开关等有返回弹簧的开关设备时，应将开关置于"断开"位置。

(5) 在进行电力传动装置系统及高、低压各型开关调试时，应将有关的开关手柄取下或锁上，并悬挂标志牌，防止误合闸。

(6) 电器设备的金属外壳必须接地或接零，同一设备既可作接地也可作接零，同一供电网不允许有的接地而有的接零。

(7) 电气设备所用保险丝(片)的额定电流应与其负荷容量相适应，禁止用其他金属线代替保险丝(片)。

(8) 施工现场夜间临时照明电线及灯具高度应不低于 2.5 m。

(9) 照明开关、灯口及插座等，应正确接入火线及零线。

📖 **思考与练习**

1. 请思考安全教育制度建立的重要性。
2. 观察自己周边有哪些规范的安全教育制度。

任务二 认识安全用电技术措施和设备安全

1. 安全用电技术措施

安全用电技术措施包括停电、验电、装设接地线、悬挂标志牌和装设遮栏等，主要有以下几项。

(1) 根据不同的环境状况与用电场所采用相应的安全电压。

(2) 用瓷、云母、橡胶、胶木、塑料、布、纸、矿物油等绝缘物将带电导体封闭起来，使之不能对人身安全产生威胁，防止漏电引起的事故，保证电气设备的绝缘性能。不同电压等级的电气设备有不同的绝缘电阻要求，要定期进行测定。电从业人员还应正确使用安全用具，如绝缘靴、鞋、手套。

(3) 采用遮栏、护罩、护盖、箱盒等把带电体同外界隔绝开来，形成屏护，以减少人员直接触电的可能性。

(4) 带电体与地面之间、带电体与带电体之间、带电体与人体之间、带电体与其他设施和设备之间，均应保持安全距离。安全距离的大小由电压的高低、设备的类型及安装方式等因素来决定。

(5) 合理选用电气装置，能有效减少触电危害和火灾、爆炸事故。电气设备主要根据周围环境来选择，例如，在干燥、少尘的环境中，可采用开启式和封闭式电气装置；在潮湿、多尘的环境中，应采用封闭式电气装置；在有腐蚀性气体的环境中，必须采取密封式电气装置；在有易燃、易爆危险的环境中，必须采用防爆式电气装置。

(6) 装设漏电保护装置能有效防止由于漏电引起的人身触电，也可以防止由于漏电引起的设备火灾，还能监视、切除电源一相接地故障。有的漏电保护器甚至能够切除三相电机缺相运行的故障。

(7) 电气设备的保护接地与保护接零。

① 保护接地。在 1 kV 以下变压器中性点(或一相)不直接接地的电网内，使电气设备的金属外壳和接地装置良好连接的措施就是保护接地，如图 3.1.1 所示。在电源为三相三线制中性点不直接接地或单相制电力系统中应设保护接地线。

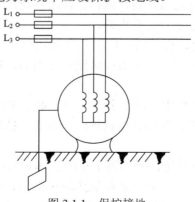

图 3.1.1 保护接地

当电气设备绝缘损坏，人体触及带电外壳时，由于采用了保护接地，人体电阻与接地体电阻并联，人体电阻远远大于接地体电阻，所以流经人体的电流会远远小于流经接地体电阻的电流，并在安全范围内，这样就有效地保护了人身安全。

② 保护接零。保护接零就是把电气设备在正常情况下不带电的金属部分与电网的零线紧密地连接起来，如图 3.1.2 所示。在电源为三相四线制变压器中性点直接接地的电力系统中应采用保护接零。与保护接地相比，保护接零能在更多的情况下保证人身安全，防止触电事故。

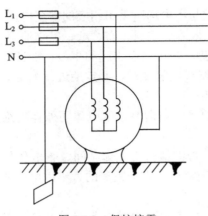

图 3.1.2　保护接零

2. 设备安全的认识

设备安全指电气设备、工作设备及其他设备的安全。

设备安全主要考虑下列因素。

1) 电气装置安装的要求

(1) 总开关、闸刀开关都不能倒装，如果倒装，就有可能自动合闸使电路接通，这时如果有人在检修电路是很不安全的。

(2) 不能把开关、插座或接线盒等直接装在建筑物上，而应安装木盒。否则，如果建筑物受潮，就会造成漏电事故。

2) 场所对使用电压的要求

不同场所对电气设备或设施的安装、维护、使用以及检修等方面都有着不同的要求。按照触电的危险程度，可将它分为以下几类。

(1) 无高度触电危险的建筑物，例如住宅、公共场所、生活建筑物、实验室、仪表装配楼、纺织车间等。在这种场所，各种易接触到的用电器、携带型电气工具的使用电压不超过 220 V。

(2) 有高度触电危险的建筑物，例如金工车间、锻工车间、电炉车间、泵房、变配电所、压缩机站等。在这种场所，各种易接触到的用电器、携带型电气工具的使用电压不超过工频 36 V。

(3) 有特别触电危险的建筑物，例如铸工车间、锅炉房电炉车间、染化料车间、化工车间、电镀车间等。在这种场所，各种易接触到的用电器、携带型电气工具的使用电压不超过工频 12 V。在矿井和浴池之类的场所，在检修设备时，常使用专用的工频 12 V 或 24 V

工作手灯。

📖 思考与练习

1. 什么叫保护接地？这种措施有什么作用？
2. 什么叫保护接零？在什么情况下应采用保护接零？
3. 电气火灾的灭火要注意哪些问题？

项目二　电气安装技术规范

电气安装与维修的工艺是否符合规范，不仅会影响到电气设备的正常工作，还可能会影响到设备甚至人身的安全。职业教育的日常教学中应重视电气安装与维修的技术标准和工艺规范要求，在技能训练过程中则更应重视电气安装与维修的技术标准和工艺规范。

任务一　认识电气安装技术规范——安全部分

电气安装技术规范——安全部分常见的违反规范操作示例如下。

(1) 训练中不允许带电插拔。如图 3.2.1 所示为违反规范的操作示例。

图 3.2.1　带电插拔错误动作

(2) 训练中不允许用短接线带电进行测试。如图 3.2.2 所示为违反规范的操作示例。

图 3.2.2　短接线带电测试错误动作

(3) 训练中控制面板、仿真盒、PLC 控制板及稳压电源等不允许放在地面上。如图 3.2.3 所示为违反规范的示例。

(4) 训练中插拔气管必须在泄压情况下进行。

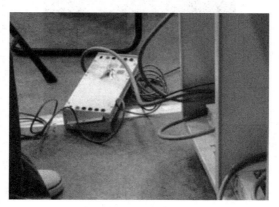

图 3.2.3　面板、控制板等随意放置错误动作

📖思考与练习

1. 试总结其他与生产安全相关的电气安装技术规范。
2. 观察自己周围有哪些不规范的电气安装设备，请举例说明。

任务二　认识电气安装技术规范——机械部分

电气安装技术规范——机械部分常见正、误示例如下：

(1) 电缆与气管要分开绑扎，如图 3.2.4 所示。

(a) 正确示例

(b) 错误示例

图 3.2.4　电缆、气管分开绑扎示意图

(2) 当电缆、光纤电缆和气管来自同一个移动模块时，允许将其绑扎在一起，如图 3.2.5 所示。

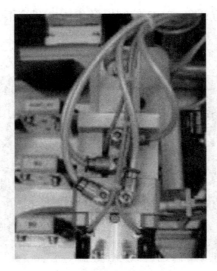

图 3.2.5　电缆、光纤电缆和气管来自同一模块

(3) 绑扎带切割后不能留余过长，要求留余不超过 1 mm，且不能割手，如图 3.2.6 所示。

(a)　正确示例　　　　　　　　　　　　　　(b)　错误示例

图 3.2.6　绑扎带留余示意图

(4) 两个绑扎带之间的距离不能超过 50 mm，如图 3.2.7 所示为错误示例。

图 3.2.7　绑扎带间距错误示例

(5) 两个线夹之间的距离不能超过 120 mm，如图 3.2.8 所示为错误示例。

图 3.2.8 线夹间距错误示例

(6) 电缆与电线须固定在线夹上，即单根电缆或电线用绑扎带固定于线夹上，其正确做法如图 3.2.9 所示。单根电缆、电线或气管没有紧固于线夹上的错误做法如图 3.2.10 所示。

(a) 正确固定示例(1)

(b) 正确固定示例(2)

(c) 正确固定示例(3)

(d) 正确固定示例(4)

(e) 正确固定示例(5)

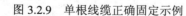

图 3.2.9 单根线缆正确固定示例

(a) 错误固定示例(1)

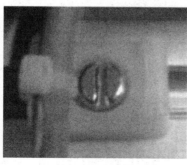

(b) 错误固定示例(2)

(c) 错误固定示例(3)

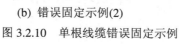

图 3.2.10 单根线缆错误固定示例

· 219 ·

(7) 第一根绑扎带距离阀岛气管接头连接处 60 mm ± 5 mm，如图 3.2.11 所示。

 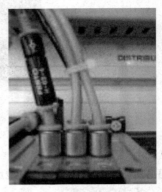

(a)正确示例　　　　　　　　　　　　　　(b) 错误示例

图 3.2.11　气管绑扎示意图

(8) 项目训练完成后，系统/工作台上不应遗留工具，错误示例如图 3.2.12 所示。

图 3.2.12　工作台上遗留工具错误示例

(9) 项目训练完成后，系统/工作台上不应遗留配线、气管或其他材料，错误示例如图 3.2.13 所示。

图 3.2.13　工作台上遗留其他材料错误示例

(10) 项目训练完成后，所有元件及模块均须有效固定，如图 3.2.14 所示为线缆接头未能有效固定的情况。

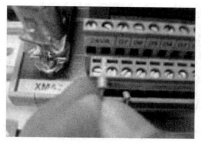
(a) 错误示例(1)

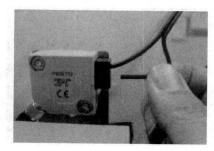
(b) 错误示例(2)

图 3.2.14　线缆接头未能有效固定

(11) 系统或项目训练完成后，所有部件或模块不应损坏或丢失。

(12) 系统或工作台所用的型材剖面应安装端盖，如图 3.2.15 所示。

(a) 正确示例

(b) 错误示例

图 3.2.15　型材剖面应安装端盖

(13) 固定走线槽时，至少要使用 2 个螺丝钉和垫圈。

📖思考与练习

1. 试总结其他与机械装配相关的电气安装技术规范。
2. 思考自己在安装过程中存在哪些不规范的地方，试举例说明。

任务三　认识电气安装技术规范——电气部分

电气安装技术规范——电气部分常见正、误示例如下。

(1) 电线的金属材料部分不得外露，如图 3.2.16 所示。

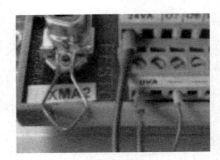

(a) 正确示例　　　　　　　　　　　(b) 错误示例

图 3.2.16　电线金属材料部分不得外露

(2) 冷压端子的金属部分不得外露，如图 3.2.17 所示。

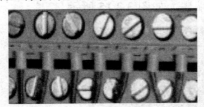

(a) 正确示例　　　　　　　　　　　(b) 错误示例

图 3.2.17　冷压端子金属部分不得外露

(3) 连接电线时必须采用合适的冷压端子，如图 3.2.18(a)所示为未采用冷压端子的接线情况，如图 3.2.18(b)所示为部分未采用合适冷压端子的接线情况。

(a) 未采用冷压端子　　　　　　　　(b) 部分未采用合适冷压端子

图 3.2.18　连接电线采用冷压端子的错误示例

(4) 电缆在走线槽中至少保留 10 cm，如图 3.2.19 所示为电缆在走线槽中的情况。如果是一根短接线，则在同一个走线槽中不作具体要求。

(a) 正确示例(1)　　　　　(b) 正确示例(2)　　　　　(c) 错误示例

图 3.2.19　电缆在走线槽中的情况

(5) 电缆绝缘部分应在走线槽内，如图 3.2.20 所示。

(a) 正确示例　　　　　　　　　　(b) 绝缘部分未完全剥离(错误示例)

图 3.2.20　电缆绝缘部分应在走线槽内示例

(6) 走线槽应被盖住，无翘起或未完全盖住现象，如图 3.2.21 所示。

(a) 正确示例　　　　　　　　　　(b) 错误 1——盖板翘起

(c) 错误 2——未加盖　　　　　　(d) 错误 3——未完全盖住

图 3.2.21　走线槽加盖示例

(7) 单根电线直接进入走线槽且不交叉，如图 3.2.22 所示。

(a) 正确示例　　　　　　　　　　(b) 电线有交叉

图 3.2.22　单根电线直接进入走线槽示例

(8) 无用的电缆线应剪除裸露金属材料部分，并将其固定于电缆上，如图 3.2.23 所示。

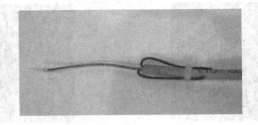

图 3.2.23　无用电缆处理示例

(9) 电缆、电线不允许有缠绕现象。

📖 **思考与练习**

1. 试总结其他与电气安装和调试相关的电气安装技术规范。
2. 思考自己在训练安装过程中存在哪些不规范的地方，试举例说明。

任务四　认识电气安装技术规范——气动部分

电气安装技术规范——气动部分常见的主要注意事项如下：
(1) 气管无缠绕、绑扎变形现象。
(2) 走线槽内不能走气管，如图 3.2.24 所示。

 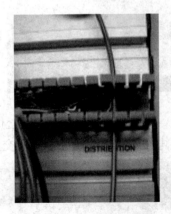

　　　(a) 正确示例　　　　　　　　　　(b) 错误示例

图 3.2.24　走线槽内不能走气管示例

(3) 所有气动连接处无泄漏情况。

📖 **思考与练习**

1. 试总结其他与气动相关的电气安装技术规范。
2. 思考自己在气动部件安装过程中存在哪些不规范的地方，试举例说明。

任务五　认识电气安装技术规范——其他部分

电气安装技术规范——其他部分常见的主要注意事项如下。

(1) 走线槽内不应有碎片。

(2) 光纤半径应大于 25 mm。

(3) 所有不用的部件应整齐安放于取料台上，如图 3.2.25 所示。

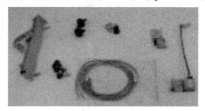

(a) 正确示例——部件整齐安放于取料台上

(b) 错误——部件随意放置

(c) 错误——部件放置于地上

图 3.2.25　不用部件的放置要求

(4) 工作区域地面的垃圾应打扫干净。

(5) 所有警示标签应按要求粘贴在规定位置，如图 3.2.26 所示为警示标签粘贴要求。

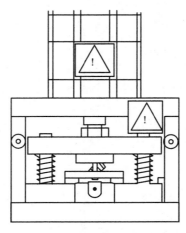

图 3.2.26　警示标签粘贴要求

📖**思考与练习**

1. 试总结其他的电气安装技术规范。
2. 思考国内外电气安装技术规范的差别。

参 考 文 献

[1] 张同苏，李志梅. 自动化生产线安装与调试实训与备赛指导[M]. 北京：高等教育出版社，2015.

[2] SMC(中国)中国有限公司. 现代实用气动技术[M]. 3 版. 北京：机械工业出版社，2008.

[3] Festo Didactic GmbH & Co. 自动线工作单元培训手册(光盘电子版)，2004.

[4] 陈耿彪. 气、液、电控制技术[M]. 北京：机械工业出版社，2011.

[5] 曾文萱. 液压与气动控制[M]. 北京：机械工业出版社，2012.

[6] 郭琼. PLC 应用技术[M]. 2 版. 北京：机械工业出版社，2015.

[7] 黄麟. 交流调速系统及应用[M]. 2 版. 大连：大连理工大学出版社，2016.

[8] 苏家健，石秀丽. PLC 技术与应用实训(三菱机型)[M]. 2 版. 北京：电子工业出版社，2013 .

[9] 梁庆保. 变频器、可编程序控制器、触摸屏及组态软件组合应用技术[M]. 北京：机械工业出版社，2012.

[10] 三菱 FX 系列 PLC 编程手册.

[11] 三菱 FX 系列 PLC 硬件手册.

[12] 三菱变频器 FR-E740 使用手册.

[13] 松下 A5 系列伺服电机选型手册及说明书(2011 版).

[14] MCGS 组态软件参考手册.

[15] 亚龙 YL-335B 型自动生产线说明书.

[16] 中华人民共和国国家标准 GB768.1—93.

[17] 中华人民共和国国家标准 GB768.2—2018.